湖北省学术著作出版专项资金资助项目

数字制造科学与技术前沿研究丛书

有色金属表层搅拌摩擦表面加工(FSSP)改性机理研究

宋娓娓　著

武汉理工大学出版社

·武　汉·

内 容 提 要

搅拌摩擦表面加工(FSSP)技术操作简单、成本低、无污染,是一种环保型表面改性技术。本书结合笔者长期以来对有色金属材料特别是铝合金、铜合金的 FSSP 表层改性研究写出的工作总结,解决了 FSSP 改性合金的一些学术问题和前沿瓶颈问题,研究内容具有较强的可持续性。本书可供高等院校、科研机构及企业从事 FSSP 技术的研究人员、技术人员和相关的专业教师参考。

图书在版编目(CIP)数据

有色金属表层搅拌摩擦表面加工(FSSP)改性机理研究/宋娓娓著.—武汉:武汉理工大学出版社,2019.7

  ISBN 978-7-5629-6013-3

Ⅰ.①有… Ⅱ.①宋… Ⅲ.①有色金属－金属加工－研究 Ⅳ.①TG146

中国版本图书馆 CIP 数据核字(2019)第 122732 号

项目负责人:田 高 王兆国   责 任 编 辑:陈 硕
责 任 校 对:刘 凯   封 面 设 计:付 群
出版发行:武汉理工大学出版社(武汉市洪山区珞狮路 122 号 邮编:430070)
          http://www.wutp.com.cn
经 销 者:各地新华书店
印 刷 者:武汉中远印务有限公司
开 本:787mm×1092mm 1/16
印 张:9.75
字 数:174 千字
版 次:2019 年 7 月第 1 版
印 次:2019 年 7 月第 1 次印刷
印 数:1—1000 册
定 价:80.00 元

总　　序

　　当前,中国制造 2025 和德国工业 4.0 以信息技术与制造技术深度融合为核心,以数字化、网络化、智能化为主线,将互联网＋与先进制造业结合,正在兴起全球新一轮数字化制造的浪潮。发达国家特别是美、德、英、日等先进制造技术领先的国家,面对近年来制造业竞争力的下降,最近大力倡导"再工业化、再制造化"战略,明确提出智能机器人、人工智能、3D 打印、数字孪生是实现数字化制造的关键技术,并希望通过这几大数字化制造技术的突破,打造数字化设计与制造的高地,巩固和提升制造业的主导权。近年来,随着我国制造业信息化的推广和深入,数字车间、数字企业和数字化服务等数字技术已成为企业技术进步的重要标志,同时也是提高企业核心竞争力的重要手段。由此可见,在知识经济时代的今天,随着第三次工业革命的深入开展,数字化制造作为新的制造技术和制造模式,同时作为第三次工业革命的一个重要标志性内容,已成为推动 21 世纪制造业向前发展的强大动力,数字化制造的相关技术已逐步融入到制造产品的全生命周期,成为制造业产品全生命周期中不可缺少的驱动因素。

　　数字制造科学与技术是以数字制造系统的基本理论和关键技术为主要研究内容,以信息科学和系统工程科学的方法论为主要研究方法,以制造系统的优化运行为主要研究目标的一门科学。它是一门新兴的交叉学科,是在数字科学与技术、网络信息技术及其他(如自动化技术、新材料科学、管理科学和系统科学等)与制造科学与技术不断融合、发展和广泛交叉应用的基础上诞生的,也是制造企业、制造系统和制造过程不断实现数字化的必然结果。其研究内容涉及产品需求、产品设计与仿真、产品生产过程优化、产品生产装备的运行控制、产品质量管理、产品销售与维护、产品全生命周期的信息化与服务化等各个环节的数字化分析、设计与规划、运行与管理,以及整个产品全生命周期所依托的运行环境数字化实现。数字化制造的研究已经从一种技术性研究演变成为包含基础理论和系统技术的系统科学研究。

作为一门新兴学科,其科学问题与关键技术包括:制造产品的数字化描述与创新设计,加工对象的物体形位空间和旋量空间的数字表示,几何计算和几何推理、加工过程多物理场的交互作用规律及其数字表示,几何约束、物理约束和产品性能约束的相容性及混合约束问题求解,制造系统中的模糊信息、不确定信息、不完整信息以及经验与技能的形式化和数字化表示,异构制造环境下的信息融合、信息集成和信息共享,制造装备与过程的数字化智能控制、制造能力与制造全生命周期的服务优化等。本系列丛书试图从数字制造的基本理论和关键技术、数字制造计算几何学、数字制造信息学、数字制造机械动力学、数字制造可靠性基础、数字制造智能控制理论、数字制造误差理论与数据处理、数字制造资源智能管控等多个视角构成数字制造科学的完整学科体系。在此基础上,根据数字化制造技术的特点,从不同的角度介绍数字化制造的广泛应用和学术成果,包括产品数字化协同设计、机械系统数字化建模与分析、机械装置数字监测与诊断、动力学建模与应用、基于数字样机的维修技术与方法、磁悬浮转子机电耦合动力学、汽车信息物理融合系统、动力学与振动的数值模拟、压电换能器设计原理、复杂多环耦合机构构型综合及应用、大数据时代的产品智能配置理论与方法等。

围绕上述内容,以丁汉院士为代表的一批我国制造领域的教授、专家为此系列丛书的初步形成,提供了他们宝贵的经验和知识,付出了他们辛勤的劳动成果,在此谨表示最衷心的感谢!

《数字制造科学与技术前沿研究丛书》的出版得到了湖北省学术著作出版专项资金项目的资助。对于该丛书,经与闻邦椿、徐滨士、熊有伦、赵淳生、高金吉、郭东明和雷源忠等我国制造领域资深专家及编委会讨论,拟将其分为基础篇、技术篇和应用篇3个部分。上述专家和编委会成员对该系列丛书提出了许多宝贵意见,在此一并表示由衷的感谢!

数字制造科学与技术是一个内涵十分丰富、内容非常广泛的领域,而且还在不断地深化和发展之中,因此本丛书对数字制造科学的阐述只是一个初步的探索。可以预见,随着数字制造理论和方法的不断充实和发展,尤其是随着数字制造科学与技术在制造企业的广泛推广和应用,本系列丛书的内容将会得到不断的充实和完善。

《数字制造科学与技术前沿研究丛书》编审委员会

前　言

　　搅拌摩擦表面加工（FSSP）技术是一种新型的材料表面改性技术，其实质是通过搅拌头在改性材料表层高速旋转和前进形成搅拌摩擦改性区域，在此区域产生大量摩擦热塑化改性区域金属，使材料晶粒细化、致密、均匀，进而提高材料表层性能。目前这一技术主要应用在铝合金、镁合金、铜合金、不锈钢以及其他金属材料的表层改性上。该技术操作简单、成本低、无污染，是一种环保型表面改性技术，具有推广价值。

　　本书是结合本人长期以来对有色金属特别是铝合金、铜合金的 FSSP 表层改性研究写出的工作总结。全书共分 6 章，其中：第 1 章主要介绍 FSSP 技术的由来以及今后的发展应用等；第 2 章主要揭示了 FSSP 制备合金改性表层的机理，主要介绍弧纹形成机理、飞边形成及分离准则等；第 3 章主要介绍 FSSP 改性过程中的振动测试，分析 FSSP 工艺参数对振动的影响规律等；第 4 章主要介绍 FSSP 改性 6061 铝合金表层，分析 FSSP 工艺参数对改性表层的金相组织、硬度、抗拉强度、冲击载荷、耐磨性和耐腐蚀性等性能影响规律；第 5 章主要介绍 FSSP 改性 H62 铜合金表层，分析 FSSP 工艺参数对改性表层的金相组织、硬度、耐磨性和耐腐蚀性等性能影响规律；第 6 章主要介绍 FSSP 植入 SiC 颗粒改性 H62 铜合金表层，分析 FSSP 改性道次对改性表层的金相组织、硬度、耐磨性和耐腐蚀性等性能影响规律。

　　本书在编写过程中，得到了姜迪硕士的大力支持，书中大部分三维图片由其绘制；书中的实验部分得到了蒲家飞、陈柱、甘振隆、陆有春、马壮、王卫东、张飞龙、张文义、周启运、沈敏、王学龙、许长江、杨永杰、张浩宇、朱伊剑等同学的帮助；同时，本书也得到了黄山学院机电工程学院、科研处和人事处相关领导和老师的支持，在此一并表示感谢！

　　本书内容创新性强、理念新颖，解决了 FSSP 改性合金的一些学术问题和前沿瓶颈问题，研究内容具有较强的可持续性。本书可供高等院校、科研机构及企业从事 FSSP 技术的研究人员、技术人员和相关的专业教师参考。

　　由于时间和水平有限，书中难免存在一些疏漏和不足之处，恳请广大读者批评指正。

宋娓娓

2019 年 3 月

目 录

1 绪 论

随着科学技术的快速发展,特别是制造技术的发展,我国在航空航天、汽车、船舶以及其他交通工具制造领域水平越来越高。技术的发展也带来一些新问题,如轻量化合金的应用、轻量化合金的表层改性、轻量化合金植入颗粒制备复合材料等。传统的表面改性技术已经很难满足现有要求。搅拌摩擦表面加工技术是在搅拌摩擦焊接技术基础上发展起来的,其可以很好地解决上述问题。

1.1 搅拌摩擦表面加工技术的原理

搅拌摩擦表面加工(Friction Stir Surface Processing,FSSP),是一种新型提高金属材料(或金属基复合材料等)表面性能的新技术或新方法,它是通过一个高速旋转的无针搅拌头在金属材料表面先挤压一定深度(搅拌头下压量,用 Δ 表示),再在改性的金属材料表面前进实现金属材料表面的改性。这种表面改性的新方法是在搅拌摩擦焊接(Friction Stir Welding,FSW)基础上演变而来的。在 FSW演变成 FSSP 过程中还经历了很长一段时间的搅拌摩擦加工(Friction Stir Processing,FSP)技术研究。

目前,研究者已经成功地将 FSP 技术用于铸造金属微观组织细化、超塑性材料的制备、材料表面改性以及各种复合材料的制备中。利用 FSP 技术可在材料表面形成一定厚度的改性层,改善材料的表面力学性能、冶金性能、物理性能,从而提高材料的耐磨、耐蚀、耐疲劳等一系列性能,以满足不同的使用要求。表面改性技术可以使低等级材料实现高性能表面改性,达到零件低成本与工件表面高性能的最佳组合。近年来,国外学者利用 FSP 技术对材料成功进行表面改性,并对改性机理进行了初步的探讨。作为一项固态表面改性技术,FSP 在改性材料表面过程中,材料无液相产生,能有效避免强化相与基体材料在界面上形成枝晶状的铸态组织,大幅提高材料的表面性能[1]。图 1.1 所示为铸造铝合金搅拌摩擦加工微观组织。

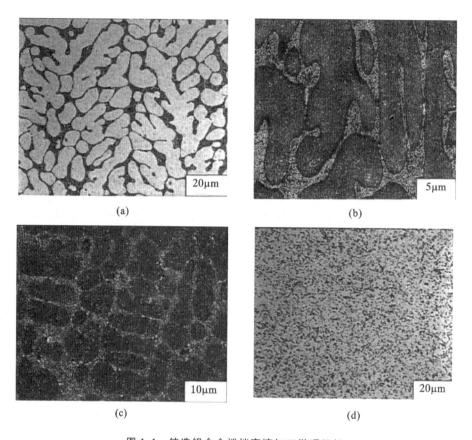

(a)　　　　　　　　　　　　　　　　(b)

(c)　　　　　　　　　　　　　　　　(d)

图 1.1　铸造铝合金搅拌摩擦加工微观组织
(a)铸态 A356 枝晶结构;(b)铸态硅粒子分布状态;(c)铸态枝晶间孔隙;(d)FSP A356 微观组织

近五年来,用于金属材料表面改性的 FSP 技术得到了更为深入的拓展,其相关理论的研究成果也更加丰富了表面科学的内涵。Mahmoud 等[2]对利用 FSP 技术制备的 1050-H24 铝基 $Al_2O_3/SiC/Al$ 复相组织表面复合层的抗摩擦磨损性能进行系统研究,结果表明:当搅拌头转速 1500r/min、行走速度 1.66mm/s,组分为 $80\%SiC+20\%Al_2O_3$ 时,复相组织表面复合层的抗磨性能最佳。Dixit 等[3]通过"打孔法"在 1100 纯铝表面预植入 NiTi 粉,通过钻孔的空间几何设计,来调控 NiTi 相与 Al 基体的组分比例,并采用 FSP 技术制备出 NiTi/1100Al 表面复合层。由于 FSP 技术的固态加工温度可控制在纯铝熔点以下,因此成功使增强相颗粒与基体之间的界面产生化学反应,且搅拌摩擦加工过程中在搅拌针周围产生的黏塑性流场可保证 NiTi 颗粒界面具有良好的过渡。Barmouz 等[4]对利用 FSP 技术制备的纯铜表面 SiC 颗粒增强复合层的工艺优化及其综合力学性能开展系统研究，认为在纯铜表面进行 FSP 细晶化处理时，预植入的微细尺寸 SiC 颗粒发生弥散，并在铜晶界钉扎，对铜晶粒的长大有抑制作用。Morisada 等[5]采用 FSP 技术成功实现对 SKD61 钢表面热喷涂的 WC-CrC-Ni 涂层的组织改性，在消除涂层松散结构缺陷的基础上，将涂层显微硬度提高约 1.5 倍，并能有效促进涂层与基体界面的金属元素扩散，进而提高涂层与基体的结合力。Mehranfar 等[6]采用 WC 材料的搅拌头在超级奥氏体不锈钢表面进行 FSP 细晶化改性，获得接近 $91\mu m$ 厚的纳米晶结构表层，平均晶粒尺寸为 $50\sim90nm$，搅拌摩擦加工峰值温度约 950℃，表面硬度值达 350HV，明显高于基体（185HV）。

在国内研究方面，2007 年兰州理工大学朱战民等[7]研究了触变成形 AZ91D 镁合金的 FSP 表面 Al 粉末/SiC 粒子复合化，经过 4 道次搅拌摩擦加工，成分趋于均匀化，SiC 和 Al 混合粉均匀地复合于镁合金表面；2010 年西北工业大学李京龙等[8]利用 FSP 技术，通过表面开槽填充 TiN 纳米粉末，对 6061 铝合金进行表面改性研究，经多道次搅拌 TiN 粉末获得较好的弥散效果，搅拌核区硬度显著提高；李京龙等[9]还就预植入钛粉搅拌摩擦加工原位反应制备 Al_3Ti-Al 表面复合层进行探索性研究，结果表明，在 FSP 加工时产生的强烈的热-力耦合作用下，钛粉碎化，破碎后的钛颗粒与铝产生快速原位反应，生成微米和亚微米级 Al_3Ti 颗粒，残留钛颗粒和细小的 Al_3Ti 颗粒一同均匀地分布于铝合金基体中，从而使铝合金表面的硬度得到提高，其平均值达到了 71.39HV，为基体硬度的 2.1 倍；2010 年西安建筑科技大学王快社等[10]通过加入 Al_2O_3 颗粒，利用 FSP 技术对 AZ31 镁合金进行表面改性，研究了表面复合层的显微组织、力学性能及加工速度对显微组织的影响规律。

FSP 技术的应用目前十分广泛，而且在一定范围内取得了相应的效果，目前也是材料表面改性手段之一，被不少研究者进行了深层次的分析。但是，仔细分析 FSP 工艺过程，就会发现利用 FSP 技术在改性金属材料表面性能之时，也同样大大弱化了需要改性的金属材料的内部性能，直接影响基材的使用效果。说白了，FSP 与 FSW 还是存在一样性质，就是利用搅拌头搅拌针进入金属内部搅拌金属使其产生热量塑化金属，细化晶粒以提高表层性能。而搅拌针的长度会直接影响改性基材的内部性能。为此，研究人员提出了一种利用无针搅拌头以实现对改性基材进行较浅厚度的表层改性技术，从而既提高表层性能，又不影响基材内部性能。这就是本文提出的 FSSP 技术,其具体改性过程见图 1.2 所示。

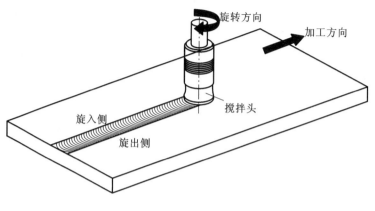

旋转方向

加工方向

搅拌头

旋入侧

旋出侧

图 1.2　FSSP 原理图

1.2　搅拌摩擦表面加工技术的特点

虽然,目前利用搅拌摩擦表面加工技术改性材料表面的研究仍处于基础性实验研究阶段,但相比于其他改性金属表面性能方法而言,搅拌摩擦表面加工技术有着独特的优势:

(1)材料通过搅拌摩擦表面加工技术可实现晶粒细化、致密及均匀性;

(2)通过对搅拌摩擦加工搅拌头结构、工艺参数的优化选择,可以实现不同性能的材料表层性能改变,因而搅拌摩擦表面加工是一种可控的改性方法;

(3)利用搅拌摩擦表面加工技术植入一些熔点高、性能好的纳米粉末可提高材料表层的相关性能;

(4)搅拌摩擦表面加工技术可实现改性表层与基材的完美结合,其结合度较强,一般不易脱落;

(5)搅拌摩擦表面加工技术方法是一种工艺简单、成本低、能耗少、无污染、可重复性改性的"绿色环保"改性技术。

1.3　搅拌摩擦表面加工技术未来应用领域

1.3.1　FSSP 在一般工业上的应用

马宏刚、王快社等在 TA$_2$ 工业纯钛表面通过 FSSP 改性技术,利用搅拌头旋转产生的纯钛表面塑性变形过程使 SiC 粒子进入材料表面基体组织,实现改善工业纯钛表面硬度及其耐磨性的目的[11]。

李博利用 FSSP 改性技术对 TC$_4$ 钛合金进行表层改性,通过不同的工艺手段,分别制备具有结构或组分不同于原 TC$_4$ 母材的改性表层[12]。

基于 FSSP 改性技术,研究人员将 Al$_2$O$_3$ 颗粒搅拌进入 AZ31 镁合金表层进行改性研究,分析表层改性强化机理和 FSSP 工艺参数对 AZ31 镁合金表面改性的影响。

叶逢雨利用 FSSP 改性技术对 6061 铝合金进行表层改性,研究不同 FSSP 工艺参数对改性表层的表面形貌、组织结构、显微硬度的影响,从而确定最佳工艺参数[13]。

宋娓娓、许晓静利用 FSSP 改性技术对 H62 铜合金表层改性,并对改性层进行微观组织、耐磨性和硬度等分析[14]。

朱理奎、王小军、周小平利用 FSSP 改性技术对喷有一定厚度涂层的材料进行表层改性,形成了无界面的表层复合改性层[15]。

赵凯利用 FSSP 改性技术对低碳钢 Q235 进行了表层改性,利用 OM、SEM、TEM 等分析方法对改性表层进行了微观组织表征[16]。

铸造 A356 铝合金在工业领域获得了广泛的应用[17],但其粗大的共晶相、α-Al 枝晶以及缩孔疏松等宏观缺陷限制了其服役范围以及寿命。研究人员利用 FSSP 改性技术对铸造 A356 铝合金表层进行改性,可实现改性区域晶粒细化、改性性能提高。

镁合金是当今最具发展潜力的金属结构材料,在现代工业有着越来越广阔的应用前景。但由于本身特性的限制(如镁合金成形后组织晶粒粗大、成分不均,以及耐蚀、耐磨性差等),使其在工业应用中也面临着诸多难题。可利用 FSSP 改性技术对 AZ91D 合金进行表层改性,实现表面组织细化、复合化 Al、复合化 SiC 粒子以及 Al 和 SiC 混合复合化等以提升镁铝合金表面性能。将 SiC 粉均匀复合于镁铝合金表面,基体组织会更为细小、均匀,且耐磨性得到提高,耐磨性比触变成形材料复合层更好。利用 FSSP 改性技术对镁合金表层改性后,改性区域晶粒更细小。多道次的 FSSP 改性,可进一步细化、均匀化改性区域的微观组织。利用 FSSP 技术进行 SiC+Cu 复合层加工,添加物能够均匀分布,提高组织的耐磨性。

高吉成利用 FSSP 改性技术,通过植入碳纳米管改善高密度聚乙烯(HDPE)材料的性能[18]。还有很多其他的材料可通过 FSSP 技术直接或植入颗粒的方式实现表层性能提高。

1.3.2　FSSP 在航空业的应用

研究人员利用 FSSP 改性技术可实现 7075 铝合金/SiC+MoS$_2$ 复合表层改性。分析增强相 SiC 和 MoS$_2$ 的体积比对复合表层的耐腐蚀性能影响等,优化出合适的 FSSP 工艺参数,为实际工程应用提供技术支持。

通过 FSSP 改性技术对镁合金表层进行改性,增加其可塑性,有利于其在汽车、航空航天等领域的广泛应用。利用 FSSP 技术对 AZ91 镁合金进行多道次的表面改性,镁合金的改性区域晶粒得到细化,改性后镁合金力学性能提高,会产生超塑性变形。对 AZ91 镁合金板进行多道次 FSSP 改性可获得表面完好、无明显宏观缺陷的大面积细晶改性层,改性后的镁合金具有较好的力学综合性能。

利用 FSSP 改性技术在液氮环境下改性铸态 AZ91 镁合金,可以比在空气中直接改性铸态 AZ91 镁合金获得的晶粒更细。

利用 FSSP 改性 Al-Mg-Sc 合金可生成超细晶合金。同时,FSSP 改性 ZK60 镁合金可获得性能优良的细晶。

1.3.3　FSSP 在船舶业的应用

随着科学技术的快速发展,船舶制造业也日益繁盛,一些传统的材料已经无法满足其发展的需要。为了满足船舶制造业对相关材料的苛刻要求,必须选一些高强度、耐蚀、耐高温的新型材料代替传统的材料[19]。

可以利用 FSSP 技术改性船舶上应用较多的镍铝青铜(NAB)以提高其机械性能和耐腐蚀性能。可以利用 FSSP 技术改性船舶螺旋桨和泵、阀等部件,有利于提高部件使用范围。

Mahoney 等利用 FSSP 改性技术消除镍铝青铜的铸造缺陷,同时还细化了材料晶粒,改善材料的机械性能,均匀组织,提高材料的耐腐蚀性能[20],具有很好的应用前景。

利用 FSSP 技术多道次改性镍铝青铜合金,可实现合金硬度和拉伸强度的提高,改性区域晶粒细化均匀。

图 1.3 为镍铝青铜合金制作的船舶螺旋桨,其可通过五轴联动的 FSSP 设备对船舶螺旋桨进行表面改性,提高其耐腐蚀、耐磨损性能等。

图 1.3 镍铝青铜合金制作的船舶螺旋桨

1.3.4 FSSP 在交通运输业的应用

随着国民经济的持续增长,我国的汽车产业也持续增长[21]。目前,我国拥有世界最大的汽车消费市场。汽车产业的发展面临能耗和环保等方面的问题,汽车的轻量化技术是减少能源消耗和有害气体排放的一种有效途径。有研究表明,整车质量每减少 100kg,百公里油耗降低 $0.3\sim0.6L$。出于可持续发展和节能减排的需要,镁合金早在 20 世纪 40 年代就已经在汽车上开始应用,到 20 世纪 60 年代镁合金在汽车工业越来越受重视,有的车型单车使用镁合金零件的质量就达到了 23kg,到 20 世纪 80 年代,每辆欧洲生产的汽车上镁合金零件的质量已达到了 25kg。随着单车使用镁合金质量的持续提升,今后每辆汽车的镁合金零件质量有望达到 100kg。目前镁合金应用比较多的是铸造镁合金,其存在铸造熔融过程中的流动性差,铸造易产生热裂和缩松等缺陷,这大大限制了镁合金的应用和推广。对汽车用的铸造镁合金进行 FSSP 改性可以避免这些缺陷,有利于镁合金在汽车行业的广泛应用。

另外,由于铝合金具有密度小、比强度高、导电导热性好、易加工等优点而广泛用于汽车生产制造中。但是铝及铝合金本身的硬度较小、耐磨损性较差,这大大限制了其应用范围。采用 FSSP 技术可以提高铝或铝合金表层性能,保证其在汽车制造行业中广泛应用。同时,还可以通过 FSSP 技术植入相应的金属颗粒到铝或铝合金板材内部以提升复合板材的性能,如利用 FSSP 技术植入的复合铝基材料(铝基陶瓷材料、铝基钛颗粒增强复合材料等)。

1.4　小　　结

搅拌摩擦表面加工技术通过对材料局部的固态搅拌挤压实现表层晶粒细化、致密化及均匀化;搅拌摩擦表面加工技术可以有效地提高改性表层的性能,经过众多学者的不懈努力,目前该技术已经成功应用于铸造金属晶粒细化、超塑性材料的改性以及各种复合基金属材料的制备中。搅拌摩擦表面加工技术目前主要应用在一般工业材料表层改性、航空航天关键部件材料表面改性、船舶制造业中关键部件材料表面改性以及交通运输业中关键部件材料表面改性领域,其是一种"绿色改性"技术。

FSSP制备合金改性表层机理

FSSP制备合金表面改性表层过程中还存在诸多问题需要解决,如改性表层表面的弧纹分布规律、飞边形成规律及其分离准则、改性表层金属塑性流动规律等。这些问题对合金改性表层的性能影响较大,因此,在本章节中主要分析合金改性表层弧纹形成规律及机理、合金改性表层飞边形成规律及分离准则、合金改性表层金属塑性流动规律及其形成机理等。

2.1 合金改性表层弧纹形成规律及机理

2.1.1 合金改性表层宏观形貌分析

合金表面经过FSSP改性后均会出现弧纹形貌,其在实际应用中严重影响了已改性表层的表面光洁平整度,增大了改性表层的表面粗糙度。理论上说,在FSSP改性合金过程中,搅拌头的前进速度v接近为0,搅拌头的旋转速度ω为∞时,此时改性表层的弧纹应该不会出现。但实际FSSP改性过程中不会出现这样的工艺参数,即弧纹还是必然出现的。依据理论,只能是尽可能地减小搅拌头的前进速度,增加搅拌头的旋转速度,使得弧纹出现的线密度(线密度:单位长度内出现弧纹的数量)增加,改性表层的表面光洁度和平整度增加,改性表层的粗糙度相对降低。

图2.1所示为FSSP改性铝合金、铜合金表层的现场照片。

图2.2展示出不同道次FSSP改性铜合金表层的形貌。从图中可以看出,不论哪种改性工艺均出现改性表层的弧纹,图2.2(a)为一道次改性的表层,弧纹由

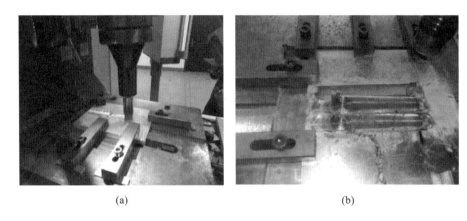

图 2.1 FSSP 改性铝合金、铜合金表层的现场照片

(a)铝合金改性;(b)铜合金改性

右向左产生,与搅拌头前进方向一致。图 2.2(b)经过两道次表层改性,两次改性方向相同,最终形成的弧纹方向也是从右到左。图 2.2(c)经过两道次改性,一次改性搅拌头前进方向从左到右,另一次方向从右到左,但最终的弧纹方向还是从右到左。综合分析可知,弧纹的方向与最后道次的搅拌头前进方向一致,与改性道次数量无关。

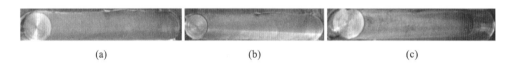

图 2.2 铜合金表层不同道次 FSSP 改性图

(a)一道次改性;(b)两道次改性(同方向);(c)两道次改性(相反方向)

图 2.3 是 FSSP 改性铜合金表层的各段形貌图。从图 2.3(a)中可以看到在 FSSP 改性铜合金表层结束的阶段出现大量的同心圆,而且同心圆凹凸分明,这是因为搅拌头经过长时间的工作,在高温磨损的情况下呈现出不同高度的同心圆纹理造成的痕迹。痕迹的清晰度与搅拌头头部材料硬度和加工精度等有关,搅拌头头部材料越硬、加工精度越高,痕迹模糊度越大。图 2.3(b)所示为 FSSP 改性铜合金表层稳定阶段,因此,弧纹的凹凸起伏周期基本一致,但弧纹高低却存在一定差别。当改性的材料偏软时,材料成分较为均匀,改性过程中搅拌头工作较为平稳,此时,获得的弧纹密度和高度基本保持一致;当改性材料硬度较高,且成分不均匀,在改性过程中搅拌头容易出现振动现象,改性过程即为不稳定状态,故容易得到弧纹密度和高度不一致现象(图 2.4)。图 2.3(c)所示为 FSSP 改性铜合金表

层的开始阶段,当搅拌头要开始进行工作时,先是到达指定的位置开始搅拌,此时在指定的位置停留 1～2s,使搅拌头转速达到规定的最大值,然后再沿前进方向进行旋转前进。由于搅拌头的停留及旋转速度的增加(转速提升需要一个过程)导致初始部位弧纹线密度相对较大,此时表层弧纹的形成是搅拌头旋转速度提速较慢,搅拌头头部磨损纹理以及搅拌头前进三者综合作用的结果。

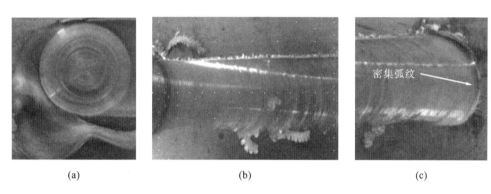

图 2.3　FSSP 改性铜合金表层的各段形貌图

(a)结束阶段;(b)稳定阶段;(c)开始阶段

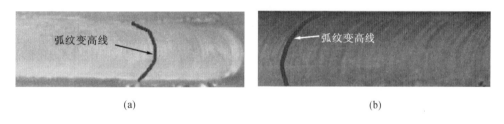

图 2.4　弧纹变高的现象

(a)铝合金;(b)铜合金

图 2.4 中类似粗线标注的形状(在图中主要是浅色)就是弧纹增高的位置。出现这种位置的主要原因有:①搅拌摩擦表面加工装备制造精度较低,加工时存在振动,容易出现搅拌头加工过程的颤动,最终形成了弧纹增高现象。②搅拌摩擦表面加工的基材成分不均匀,部分地方过硬,部分地方硬度偏低,在改性过程中容易出现基材硬的地方挤压量小,软的地方挤压量大,在基材硬的地方容易出现弧纹增高。③搅拌头倾角增大,容易造成搅拌头挤入改性材料的深度增加,倾角越大越容易形成弧纹增高现象。④搅拌摩擦表面加工过程中使用的搅拌头加工质量也直接影响到弧纹的形貌。搅拌头加工精度高,出现弧纹现象就较为模糊;搅拌头磨损严重时,出现弧纹现象就更明显。⑤搅拌头使用时间过长,会造成部

分塑化金属易黏着在搅拌头的尾部。在搅拌头挤压前进过程中,这些塑化金属通常会从搅拌头尾部挤出,造成弧纹增高。⑥搅拌头的形状结构会直接影响加工的弧纹形貌,特别是同心圆的搅拌头更容易造成弧纹增高的现象。

对合金进行搅拌摩擦表面加工,出现改性表层弧纹现象是正常的,也是这种加工技术所特有的现象,它既是一种加工表现,也是一种缺陷,但这种缺陷对合金的实际应用影响较小。

2.1.2　合金改性表层弧纹的间距分析

在 FSSP 过程中,弧纹是由搅拌头旋转以及搅拌头前进和搅拌头底部纹理产生的,弧纹运动分析如图 2.5 所示。

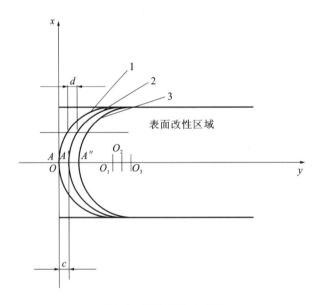

图 2.5　弧纹运动分析图

从图 2.5 可以看出,弧纹 1 上点 A 在经历过直线运动和旋转运动后移动到弧纹 2 上的 A',图中 d 为弧纹的间距,$c = |A' - A|$ 为弧纹的最大间距。

假设搅拌头头部直径为 D,搅拌头前进速度为 v,搅拌头旋转速度为 ω,则有:

弧纹 1 所对应的圆的方程为:

$$\left(x - \frac{D}{2}\right)^2 + y^2 = \left(\frac{D}{2}\right)^2 \tag{2-1}$$

弧纹 2 所对应的圆的方程为:

$$\left(x - \frac{D}{2} - c\right)^2 + y^2 = \left(\frac{D}{2}\right)^2 \tag{2-2}$$

取弧纹 1 上的点 (x_1, y_0)，弧纹 2 上的点 (x_2, y_0)。

分别将 (x_1, y_0) 带入式 (2-1)，(x_2, y_0) 代入式 (2-2)，两式相减得：

$$\left(x_1 - \frac{D}{2}\right)^2 + \left(x_2 - \frac{D}{2} - c\right)^2 = 0 \tag{2-3}$$

将式 (2-3) 分解得：

$$(x_1 + x_2 - D - c)(x_1 - x_2 - c) = 0 \tag{2-4}$$

式 (2-4) 中，暂不考虑 $x_1 - x_2 - c = 0$ 的情况（点在 y 坐标轴上），有 $x_1 + x_2 - D - c = 0$，即：

$$|x_2 - x_1| = |D + c - 2x_1| \tag{2-5}$$

那么，沿着弧纹 1 和弧纹 2 之间的弧纹间距为：

$$d = |x_2 - x_1| = |D + c - 2x_1| \tag{2-6}$$

另外，

$$c = |A' - A| = \frac{v}{\omega} \tag{2-7}$$

即：

$$d = |x_2 - x_1| = |D + c - 2x_1| = \left|D + \frac{v}{\omega} - 2x_1\right| \tag{2-8}$$

式 (2-8) 即为改性层弧纹间距尺寸函数，实质上其最大值出现在 y 坐标轴上，即 $x_1 = D/2$ 时，$d = c = v/\omega$。

由于弧纹是类似且平行的，因此其他弧纹的间距也可根据式 (2-8) 计算，只不过在此 x_1 的值就要变成其他弧纹函数上对应的值。

2.1.3 合金改性表层弧纹的形成过程分析

在进行 FSSP 过程中，当搅拌头高速空转进入到材料的表层，此时搅拌头旋转速度不断增加到设定值，且到达指定的深度，并以一定的前进速度进行表层改性。

在 FSSP 开始阶段，由于搅拌头处于不断下降的状态，搅拌头并未前进，此时搅拌头仅为旋转运动。在这个阶段，搅拌头不断地旋转，将其周围材料不断地通过搅拌头头部和其周边材料向外挤压，让一部分挤压塑化金属材料沿着搅拌头侧边挤出形成飞边，另一少量部分塑化金属材料向搅拌头前进方向的相反方向挤出形成弧纹,由于塑化金属流动性好,加上搅拌头头部磨损形成一定的纹理,故而在开始阶段容易出现弧纹密集部位。

在 FSSP 改性合金中间稳定阶段时,此时搅拌头改性形成的弧纹间距、弧纹高低相对比较相似,处在稳定形成阶段。搅拌头每次都将其前面塑化金属材料通过搅拌头的头部、搅拌头的两侧边以及搅拌头接触的底部基材四个方向同时挤压作用,促使一部分塑化金属沿着搅拌头侧边挤出,在搅拌头前进侧挤出的塑化金属相对较多,在搅拌头的返回侧挤出的塑化金属相对较少,造成这种现象的主要原因是搅拌头前进侧的温度高于返回侧,即搅拌头的前进侧的金属塑性流动性能比返回侧优越;另一部分塑化金属在搅拌头的后部受到搅拌头头部的挤压作用而形成弧纹,在周期性变化的范围内,弧纹形状及密度基本相同,处在稳定阶段,但是,在一个周期内,其弧纹高低和密度还是存在差异,这主要是由搅拌头磨损程度不同造成的,具体见图 2.6(a)。

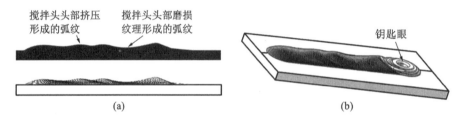

图 2.6　FSSP 改性合金表层弧纹示意图

(a)弧纹二维形貌;(b) 弧纹三维形貌

在 FSSP 改性合金的收尾阶段,弧纹的间距和密度存在很大的波动,出现这种现象的主要原因是搅拌头在收尾阶段原地不停地旋转搅拌,促使其前面的弧纹再次受到高温加压作用,出现弧纹间距短距离收缩,同时高度突然增高的现象,这与二次挤压作用是分不开的,特别是钥匙眼周围的弧纹高度突出最严重,见图 2.6(b)所示的钥匙眼部位。

FSSP 改性合金表层的实质是通过高速旋转的搅拌头头部与合金表层材料进行搅拌,摩擦产生大量的摩擦热使与搅拌头头部周围接触的金属变软进而热塑化,并在搅拌头头部压力、搅拌头侧边挤压力以及搅拌头头部接触到的基材挤压力的共同作用下形成合金改性层。在合金 FSSP 改性过程中需要产生大量的热,此时,搅拌头头部磨损的纹理却增加了搅拌摩擦过程中的摩擦阻力,增加了摩擦热的产生,最终有助于合金表层改性。当搅拌头加工精度提高时,会抑制搅拌头的摩擦生热,进而造成改性表层金属无法完全塑化,很难形成较好的改性层。

在 FSSP 改性的末端出现同心圆,这是因为搅拌头在此处减速旋转,同时搅拌头提高离开合金表层,留下的弧纹仅为搅拌头头部磨损纹理的形貌。

2.2　合金改性表层飞边的形成机理

2.2.1　合金改性表层金属与基材分离准则

对合金进行 FSSP 改性时,高速旋转的搅拌头缓慢进入改性材料表层,此时,搅拌头形如一把铣刀旋转切入到合金材料表层内部,表层材料在这一过程中承受来自三个方面的作用力:搅拌头头部作用力、搅拌头周边挤压作用力以及底部基材作用力。在这三个方面作用力的作用下,搅拌头很快促使与其接触的表层材料因搅拌产生摩擦热而升温,此时,搅拌头接触的表层材料在高温下产生了晶内滑移和扩散性蠕变。在这一过程中,容易造成原子间的间距增大,原子的振动和扩散速度增加,位错滑移、攀移、交滑移以及位错节点的脱锚等现象。随着滑移系增多造成滑移灵敏性提高,不仅使晶粒间的变形更加协调,而且晶界对位错运动的阻碍作用减弱,位错进入晶界;扩散性蠕变使得晶粒在拉伸方向上伸长变形,在压缩方向上收缩变形。

当搅拌头旋转进入材料表层,起先造成表层材料在高温下发生塑性变形,此时,塑性变形主要依据于 Von Mises 屈服准则[22]。即在一定的变形条件下,当物体内某一点受到的应力偏张量的第 2 不变量 J_2' 达到某一定值,此时该点进入到塑性状态。屈服函数为:

$$f(\sigma_{ij}') = J_2' = C \tag{2-9}$$

式中,C 为常数;σ_{ij}' 为该点的应力偏张量。

应力偏张量的第 2 不变量为:

$$J_2' = \frac{1}{6}\left[(\sigma_x - \sigma_y)^2 + (\sigma_y - \sigma_z)^2 + (\sigma_z - \sigma_x)^2 + 6(\tau_{xy}^2 + \tau_{yz}^2 + \tau_{zx}^2)^2\right] = C \tag{2-10}$$

用主应力 σ_1、σ_2、σ_3 表示:

$$J_2' = \frac{1}{6}\left[(\sigma_1 - \sigma_2)^2 + (\sigma_2 - \sigma_3)^2 + (\sigma_3 - \sigma_1)^2\right] = C \tag{2-11}$$

此处 C 与应力状态无关，可直接利用单向应力状态求得，即

$$\sigma_1 = \sigma_s, \sigma_2 = \sigma_3 = 0 \tag{2-12}$$

式中，σ_s 为初始屈服点。

将式（2-12）代入式（2-11）得

$$C = \frac{1}{3}\sigma_s^2 \tag{2-13}$$

当在纯剪切应力时

$$\tau_{xy} = \sigma_1 = -\sigma_3 = K, \sigma_2 = 0 \tag{2-14}$$

式中，K 为材料的剪切屈服强度。

将式（2-14）代入式（2-11）得

$$C = K^2 \tag{2-15}$$

故有

$$K = \frac{1}{\sqrt{3}}\sigma_s \tag{2-16}$$

结合式（2-10）和式（2-16）得

$$(\sigma_x - \sigma_y)^2 + (\sigma_y - \sigma_z)^2 + (\sigma_z - \sigma_x)^2 + 6(\tau_{xy}^2 + \tau_{yz}^2 + \tau_{zx}^2) = 2\sigma_s^2 = 6K^2 \tag{2-17}$$

用主应力表示为

$$(\sigma_1 - \sigma_2)^2 + (\sigma_2 - \sigma_3)^2 + (\sigma_3 - \sigma_1)^2 = 2\sigma_s^2 = 6K^2 \tag{2-18}$$

将式（2-17）和式（2-18）与等效应力 $\bar{\sigma}$ 比较，得

$$\bar{\sigma} = \frac{1}{\sqrt{2}}\sqrt{(\sigma_x - \sigma_y)^2 + (\sigma_y - \sigma_z)^2 + (\sigma_z - \sigma_x)^2 + 6(\tau_{xy}^2 + \tau_{yz}^2 + \tau_{zx}^2)} = \sigma_s \tag{2-19}$$

$$\bar{\sigma} = \frac{1}{\sqrt{2}}\sqrt{(\sigma_1 - \sigma_2)^2 + (\sigma_2 - \sigma_3)^2 + (\sigma_3 - \sigma_1)^2} = \sigma_s \tag{2-20}$$

当 FSSP 改性合金表层过程中，搅拌头旋转进入合金表层，使得合金表层内的某一点的等效应力，式（2-19）或式（2-20）中的 $\bar{\sigma}$ 达到合金的屈服强度 σ_s 时，合金表层金属进入了塑性状态。

在 FSSP 改性合金表层过程中，一部分塑化金属通过搅拌头作用从基材表层不断分离，分离之后沿着搅拌头的两侧向外产生飞边，飞边可能产生连续的塑性变形，也可能出现中间断裂，因此，飞边从基体分离出来一定遵守一定规则，然而，目前还没有一个完整的分离标准来判断飞边的分离规律。

本书从前人提出的切屑分离准则推演出 FSSP 飞边分离准则。本书提出的飞边分离准则描述如下：

断裂应力标准，在三维模型中应力指数被定义为[23]

$$f = \sqrt{\left(\frac{\sigma_n}{\sigma_f}\right)^2 + \left(\frac{\tau_1}{\tau_{f1}}\right)^2 + \left(\frac{\tau_2}{\tau_{f2}}\right)^2} \qquad (2\text{-}21)$$

式中，σ_f 为材料的失效应力（在纯拉伸载荷条件下）；τ_{f1} 和 τ_{f2} 为材料的失效应力（在纯剪切载荷条件下）；τ_1 和 τ_2 分别指 FSSP 过程中搅拌头头部指定距离处的剪切应力；σ_n 为 FSSP 过程中搅拌头头部前面指定距离处的法向应力。

此处：

$$\sigma_n = 0 \qquad (2\text{-}22)$$

此时，式（2-21）变为

$$f = \sqrt{\left(\frac{\tau_1}{\tau_{f1}}\right)^2 + \left(\frac{\tau_2}{\tau_{f2}}\right)^2} \qquad (2\text{-}23)$$

令 $\tau_1 = \tau_2 = \tau$；$\tau_{f1} = \tau_{f2} = \tau_f$，此时，式（2-23）变为

$$f = \sqrt{2\left(\frac{\tau}{\tau_f}\right)^2} = \sqrt{2}\,\frac{\tau}{\tau_f} \qquad (2\text{-}24)$$

式中，τ 指 FSSP 过程中搅拌头头部指定距离处的综合剪切应力；τ_f 为工件材料的剪切综合失效应力。

在断裂分析中，当应力指数 f 达到 1.0 时，材料被认为失效，该点处的材料有断裂现象发生。

再根据 Von Mises 流动法则

令

$$\tau_f = \frac{\sigma_f}{\sqrt{3}} \qquad (2\text{-}25)$$

将式（2-25）代入式（2-24）可得

$$\tau = \frac{1}{\sqrt{6}} f \sigma_f \qquad (2\text{-}26)$$

式（2-26）即为 FSSP 改性合金表层搅拌头头部指定距离处的飞边材料与基材分离临界点。

将式（2-26）变为

$$\tau \geqslant \frac{1}{\sqrt{6}} \sigma_f (f = 1) \qquad (2\text{-}27)$$

式(2-27)是 FSSP 改性合金表层搅拌头头部指定距离处的飞边材料与基材分离准则。

2.2.2 合金改性表层飞边形成过程

合金在进行 FSSP 改性过程中形成飞边的原因很多,其主导因素也很多,如改性的工艺参数选择、改性用的搅拌头倾斜角确定、改性材料本身特点等。图 2.7 所示为合金改性表层的飞边宏观形貌。

(a)   (b)

图 2.7 合金改性表层的飞边宏观形貌

(a)铝合金;(b)铜合金

图 2.7 中,针对铝合金,搅拌头旋转速度(ω)为 1300r/min,搅拌头前进速度(v)为 50mm/min,搅拌头下压量(Δ)为 0.2mm 时,FSSP 改性铝合金表层形成的飞边最少;针对铜合金,搅拌头旋转速度为 1200r/min,搅拌头前进速度为 150mm/min,搅拌头下压量为 0.2mm 时,FSSP 改性铜合金表层形成的飞边最少。这进一步说明 FSSP 改性合金表层的飞边形成与改性的材料、改性的工艺参数等有关;不同的合金,应选择不同的改性工艺参数才能获得较少的飞边。可以通过优化工艺参数减少 FSSP 改性合金表层飞边的形成,但无法让飞边完全消失,这与前面的弧纹形成一样,在某种意义上来说,飞边和弧纹都是 FSSP 改性过程中出现的缺陷。

图 2.8 展示出了 FSSP 改性铜合金表层不同位置的飞边形貌,从图 2.8(a)可以看出,此时出现的飞边是在稳定状态下形成的,飞边一边形成一边叠加,出现这种现象的主要原因是改性表层飞边受到底部基材的限制,在短暂时间内没有完全与基材分离,同时受到搅拌头侧面挤压作用,形成叠加状态。图 2.8(b)中出现的飞边形貌是因为搅拌头旋转切入到铜合金表层的深处,且搅拌头旋转速度快,飞

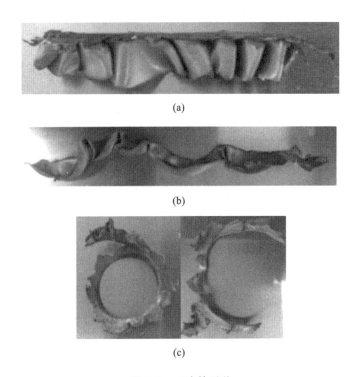

图 2.8 飞边的形貌

(a)稳定部位的飞边形状;(b)剧烈情况下的飞边形状;(c)末端飞边形状

边底部受到基材牵制,另外,由于铜合金的硬度比铝合金高,故而造成飞边在高速旋转带动下无法实现叠加而直接涡旋到一块,形成类似于瓢状的结构。图 2.8(c)所示为 FSSP 改性铜合金表层的末端位置出现的飞边形貌,飞边呈现为锯齿形状且较薄,造成这种现象的主要原因是搅拌头不断上升,挤压材料减少。末端出现锯齿状的飞边,进一步说明飞边在不受搅拌头挤压力和剪切力作用下就会产生这种锯齿状形貌。飞边叠加其实也是在锯齿部位进行叠加的,这与图 2.8(a)保持一致。

从合金 FSSP 改性表层出现的飞边表面看,在飞边的表面呈现出一道一道的类似弧纹状的形貌,这可能是搅拌头磨损后的纹理直接造成的。在 FSSP 改性合金表层的过程中,搅拌头具有一定的倾斜角,当搅拌头高速旋转进入改性合金表层内部时,改性表层内部的金属将因摩擦生热塑化并被带有磨损纹理的搅拌头挤压,再加上搅拌头旋转和前进双重运动作用下,挤压的表层塑化金属从搅拌头两侧分离基材形成飞边,并将这种搅拌头磨损纹理挤压痕迹复映(类似于切削加工时产生的复映误差)到飞边表面,即飞边的形貌是搅拌头磨损纹理的一种复映。

当高速旋转的搅拌头切入到合金改性表层并进行搅拌时,搅拌头形状类似于铣削刀具的形状,其旋转前进不断地剥离因搅拌生热塑化金属与合金基材分开,随着搅拌生热温度的升高,金属不断塑化,一部分被压入到搅拌头底部,一部分从搅拌头两侧不断分离出来形成飞边。在搅拌头前进方向,搅拌头也类似于铣刀将合金基材不断地撕开,向两边挤,同时由于挤出的塑化金属还与基材有一定的连接,故而形成了叠加状的飞边。当搅拌头前进速度很快时,飞边很难形成叠加,而是形成涡旋状。

FSSP 改性合金表层形成的飞边形状还与合金本身有关,有的飞边连接在一起很长,有的飞边很短就分离,这和切削加工机理相类似,主要是遵循上述分析的分离准则。FSSP 改性合金表层末端飞边的形成处在搅拌头抽出的阶段,飞边容易从末端孔周围撕开,确切地说是被搅拌头的头部切割出来的,一般呈圆形,结构比较完整,具体见图 2.8(c)。

以上为 FSSP 改性合金表层形成飞边的主要过程描述。

2.3　合金改性表层钻孔规律及填充金属粉末流动规律分析

2.3.1　合金改性表层钻孔形状和尺寸的确定

为了研究问题的方便性以及在实际操作中的可行性,本研究结合以往经验,在合金板面钻 $\phi1.5$mm 的小孔,孔与孔之间的中心距离为 3mm,孔深为 0.2mm。小孔中可添加相应的金属粉末,以增强合金表层的相关性能。钻孔的排布及尺寸如图 2.9 所示。

从图 2.9 可以看出,正方体的体积 $V_{正}=3^2\times0.2=1.8(\mathrm{mm}^3)$,而 4 个 1/4 圆构成 1 个整圆,其体积为 $V_{圆}=\pi r^2\times0.2=3.14\times0.75^2\times0.2=0.353(\mathrm{mm}^3)$,则有:$\dfrac{V_{圆}}{V_{正}}\times100\%=19.6\%$,即所植入的金属粉末占单位体积的 19.6%。植入的金属粉末体积约占改性表层体积的 1/5,可以保证植入的金属能够有效分布在改性表层。

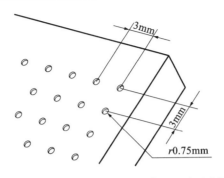

图 2.9　合金改性表层钻孔排布及尺寸示意图

2.3.2　合金改性表层填充金属粉末流动规律分析

图 2.10 是小孔金属粉末在 FSSP 过程中流动的示意图。从图 2.10 可以看出,刚开始在第Ⅰ阶段,小孔内放有的金属粉末被压实压紧,当搅拌头以一定的旋转速度进行旋转挤压时,小孔内的金属粉末慢慢受到旋转气体压力作用再次被压实,同时小孔中的粉末因压紧而流出一部分气体。随着搅拌头的高速旋转以及前进,气体压力增加使小孔发生扭曲变形,此时进入第Ⅱ阶段。在这一阶段,随着小孔的不断扭曲,小孔中的气体压力逐渐增加,达到最大值时,小孔侧壁开口,小孔中的粉末随着旋转和移动综合作用方向向前散开,其具体的形象如图 2.10 中第Ⅲ阶段的描述。

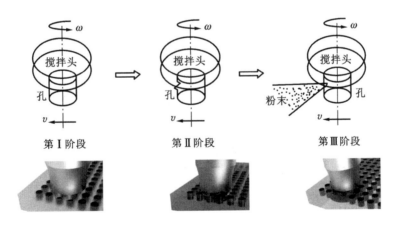

图 2.10　金属粉末流动规律示意图

图 2.11 所示为金属粉末流动金相图。从图 2.11 中可以看出每个小孔内的粉末都在被挤压爆破之后随着"八"字闸口向外喷撒,这说明图 2.10 的描述是符合实际的。

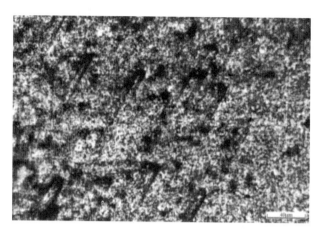

图 2.11　金属粉末流动金相图

图 2.12 是合金改性表层侧面的金相照片，图中金属粉末在搅拌头旋转和前进双重运动作用下挤入到改性表层中。此时，合金改性表层的晶粒由原先的板条状变成细小的等轴晶形状，这是因为在 FSSP 改性合金表层时因搅拌生热造成晶粒再结晶，晶粒细化，合金改性表层的性能得到大大的提高。图 2.12 中的晶粒大小较为均匀，添加的金属粉末在 FSSP 搅拌前进双重运动作用下实现均匀分布（图中黑色颗粒）。

图 2.12　合金改性表层侧面的金相照片

综合以上分析，得出以下结论：FSSP 改性合金表层，实现表层性能提高的方法是可行的；利用 FSSP 改性技术植入金属颗粒进入合金表层实现表层性能提高的方法也是可行的。

与传统激光熔覆技术相比，FSSP 植入金属颗粒进入合金表层提高合金性能的方法的优势显示在以下几个方面：

(1)FSSP 植入金属颗粒进入合金表层,结合力比激光熔覆技术的强;

(2)FSSP 效率高,操作方便;

(3)FSSP 可使合金改性表层晶粒细化,晶粒分布均匀,有利于合金表层的性能提高。

2.4　合金改性表层形成机理

2.4.1　FSSP 直接对合金表层改性

FSSP 对合金表层进行改性,其过程是采用无搅拌针的搅拌头在合金表层高速旋转并以一定的速度前进,在合金表层留下一层挤压的痕迹。这种留下的痕迹本身就是一种金属塑性变形,即破坏金属间的间隙、增加表层位错密度、提高表层性能。FSSP 改性合金表层过程是一种消耗过程,这种消耗体现在改性表层的高度降低:一部分原因是塑化金属被挤出形成飞边;另一部分是因为金属间间隙缩小,体积减小,故反映在改性表层就是高度的降低。在 FSSP 改性合金的表层过程中出现弧纹是最关键的,因为它对于合金表层改性质量而言效果是最佳的,但造成美观上的缺陷。弧纹保证了合金改性表层的每一段都经历较激烈的挤压产生塑性变形,进而提高了改性表层的性能。

2.4.2　FSSP 植入金属颗粒对合金表层改性

FSSP 植入金属颗粒对合金表层进行改性与上述原理基本一致,但针对不同的植入金属颗粒来说,也存在一定的差异,这与金属颗粒的密度有关。

W 的密度远远大于合金(铝合金、铜合金等)的密度,故其在 FSSP 制备过程中处于下沉状态,在其表面分布较多且均匀。

Ti 的密度接近铜合金密度的 $\frac{1}{2}$,因此,在 FSSP 制备 Ti/H62 铜合金表面改性层时,Ti 的分布较少,可能的原因是大量 Ti 随着飞边流失。

Ni 的密度与铜合金的密度基本相同,因此,其通过 FSSP 制备的 Ni/H62 铜合金表面的改性层含 Ni 较多。

不过上述过渡元素植入铜合金表面内部其分布还与 FSSP 加工工艺有关,不同的加工工艺获得的效果有很大的差别。

总之,植入颗粒是想利用 FSSP 技术将颗粒植入到基材表层内部以提高合金表层的性能。

2.5　小　　　结

本章对 FSSP 改性合金表层弧纹形成机理进行了分析研究,认为弧纹是不可消失的,引起弧纹的高低不平的原因是多样的、复杂的,提出搅拌头头部磨损纹理是造成弧纹的一个重要因素。本章通过数学推理的方式求解出弧纹的间距,并就弧纹形成机理进行了详细的描述。本章提出了 FSSP 改性合金表层的飞边形成符合 Von Mises 屈服准则,并依次推导出飞边分离准则,阐述了飞边的形成机理。即在稳定阶段容易形成叠加形状飞边,在转速和前进速度较快时容易出现涡旋运动形成瓢状飞边,在结束末端容易出现锯齿状、薄且圆的飞边。本章研究了植入金属粉末改性合金表层性能的过程,并通过微观组织分析确认了这种提高合金表层性能的方法是可行的。本章揭示了 FSSP 改性合金表层实质是细化晶粒及增加位错提高表层性能的机理。

 # FSSP 过程振动测试及改性表层抗疲劳分析

FSSP 改性合金表层质量,设备本身的振动对其影响较大。其实,对任何一个机器设备来说,最佳诊断参数即为速度,它是反映振动强度的理想参数。因此,国际上许多振动诊断标准都是采用速度有效值作为判别参数。以往我国一些行业标准大多采用位移(振幅)作诊断参数。在选择测量参数时,还须与所采用的判别标准使用的参数相一致,否则判断状态时将无据可依。在低频域(10Hz 以下)是以位移作为振动标准,中频域(10Hz~1kHz)是以速度作为振动标准,而在高频域(1kHz 以上)则以加速度作为振动标准[24]。故障诊断为突出故障频率成分,对低频故障推荐采用位移信号分析,对高频故障推荐采用速度、加速度信号分析。

振动部件的疲劳与振动速度成正比,而振动所产生的能量则与振动速度的平方成正比,由于能量传递的结果造成了磨损和其他缺陷,因此,在振动诊断判定标准中以速度为准比较适宜。对于低频振动,应主要考虑由于位移造成的破坏,其实质是疲劳强度的破坏,而非能量性的破坏;但对于 1kHz 以上的高频振动,则主要应考虑冲击脉冲以及原件共振的影响。因主轴高速旋转,本章依据高频振动进行振动诊断检测。同时,本章还进行了相应的疲劳性能分析。

3.1 测 试 设 备

3.1.1 FSSP 过程振动测试设备

FSSP 改性合金表层过程中,搅拌头高速旋转,即为搅拌头所接主轴的转速较高,在振动测量范围内规划为高频振动,因此,在振动测量时采用振动加速度的测

试方法。实验采用的仪器是北京东方振动和噪声技术研究所生产的 INV 3062T4 通道云智慧分布式采集仪,如图 3.1 所示。传感器为 PCB 公司的三向加速度传感器 356B21,灵敏度为 $1.02\mathrm{mV/(m \cdot s^{-2})}$,频率范围为 $2\sim10\mathrm{kHz}$,将传感器安装在搅拌摩擦连接设备的主轴上,同时对主轴的 x、y、z 三个方向的振动进行测试。x 方向是搅拌头进给方向,y 是垂直搅拌头进给方向,z 是轴向,测试位置如图 3.2 所示。

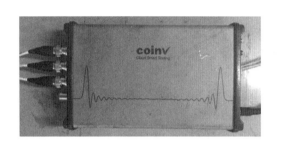
图 3.1　INV 3062T 外观

图 3.2　FSSP 过程振动测试现场

3.1.2　疲劳测试设备

选用 IBTC-2000 原位疲劳实验系统作为疲劳测试的设备。该设备主要是由主机、伺服电机、载荷传感器、应变放大器、线性光栅尺、多通道闭环控制系统、软件系统、夹具等组成,位移测量范围为 $50\mathrm{mm}$,位移分辨率为 $0.1\mu\mathrm{m}$。图 3.3 所示为疲劳实验测试试样尺寸和测试设备照片。

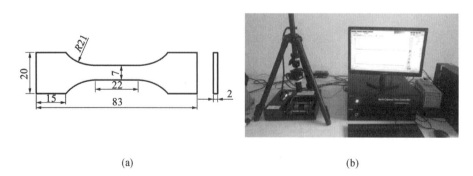

(a)　　　　　　　　　　　　　　　　(b)

图 3.3　疲劳实验测试试样尺寸和测试设备照片

(a)试样尺寸图;(b)测试设备照片

3.2 FSSP 工艺参数引起的振动分析

FSSP 工艺参数引起的设备振动对改性层的性能也会有一定的影响,为了选择一个合适的工艺参数进行铜合金表面改性,本节分析 FSSP 工艺参数对设备主轴和工作台的振动影响,进而优化出合适的改性工艺参数。

3.2.1 搅拌头旋转速度和下压量一定条件下的振动测试

从图 3.4 可以看出,主轴在不同方向的振动均是在中间位置变化较大,而两边较小,这是因为开始部分是搅拌头接触挤入阶段,后面部分是搅拌头离开阶段,这两个阶段相对波动较小。中间部分是搅拌针与铜合金直接接触并搅拌阶段,所以振动较大。

从图 3.4、图 3.5 和图 3.6 可以看出,图中开始部分包括了主轴自己的空转以及刚接触铜合金表面这段时间,而后面部分就是离开铜合金表面并包括在空气中的空转部分,仅有中间波动加大部分为铜合金 FSSP 改性过程。但从图 3.4~图 3.6 还可以看出,各个方向的振动波动均是先减小后增大,同时波动开始时间和结束时间不同,这是因为未控制搅拌时间(完全相同)而造成的人为误差,所以,从图中可以得出结论:在 FSSP 改性过程中,搅拌头前进速度对主轴振动变化也有很大的影响。

从图 3.7 可以看出,工作台各方向的振动要比主轴的小,其中一个最主要原因是主轴在设备安装中处于悬臂状态,再加上主轴伸出的长度使得其振动远远大于工作台。这种情况是十分合理的,因为工作台主要是受到搅拌头作用影响以及设备本身电机等引起的振动,而且工作台下方是床身,床身有很强的吸振性,故工作台上的振动要小。工作台开始阶段,振动波动较大,这是因为刚开始工作时,电机未完全润滑好,设备其他部件也未润滑好,导致有异响和轻微振动,使得工作台振动出现波动,随着 FSSP 开始,这些波动被消除。

图 3.8 中出现了较急剧变化的曲线,这可能是由工件板材材质不均匀造成的,硬度高的加工点会使搅拌头在它上面搅拌受阻增大,进而出现波动较大的现象。

图 3.9 中在工作台进给方向振动变化稍微大点,这可能与进给速度有关,速

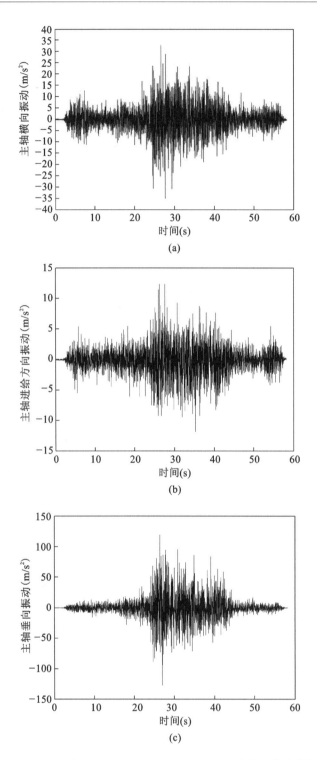

图 3.4 $\omega = 1200 \mathrm{r/min}, v = 100 \mathrm{mm/min}, \Delta = 0.2 \mathrm{mm}$ 条件下的主轴振动图

（a）主轴横向振动；（b）主轴进给方向振动；（c）主轴垂向振动

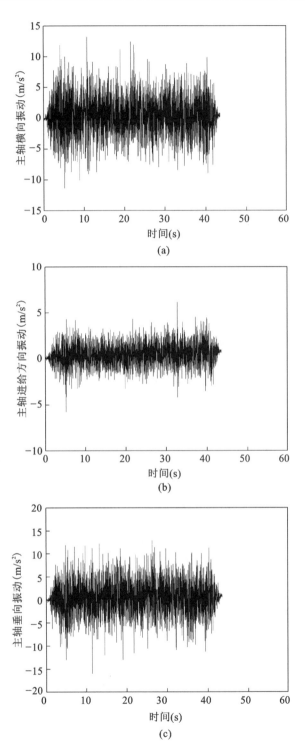

图 3.5 $\omega=1200\text{r}/\text{min}, v=150\text{mm}/\text{min}, \Delta=0.2\text{mm}$ **条件下的主轴振动图**

(a)主轴横向振动；(b)主轴进给方向振动；(c)主轴垂向振动

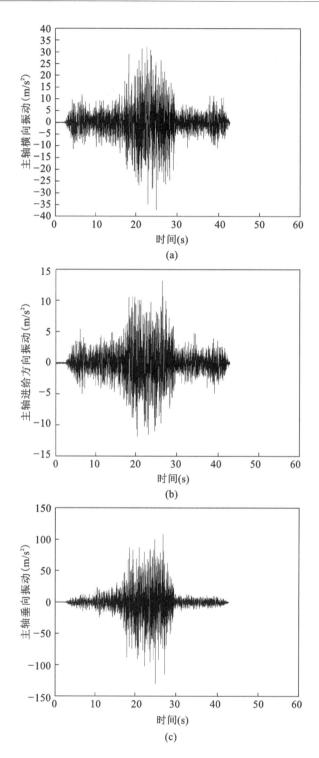

图 3.6　$\omega=1200r/min, v=200mm/min, \Delta=0.2mm$ 条件下的主轴振动图

(a)主轴横向振动;(b)主轴进给方向振动;(c)主轴垂向振动

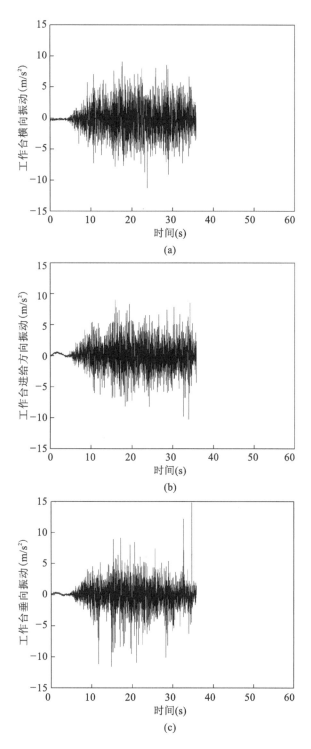

图 3.7　$\omega=1200\text{r/min},v=100\text{mm/min},\Delta=0.2\text{mm}$ 条件下的工作台振动图

(a)工作台横向振动;(b)工作台进给方向振动;(c)工作台垂向振动

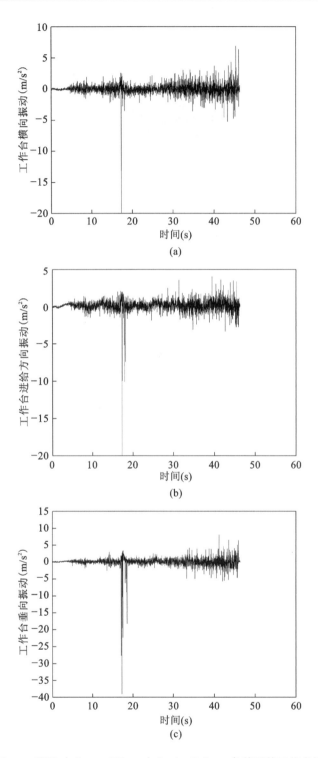

图 3.8　$\omega=1200\text{r/min}$，$v=150\text{mm/min}$，$\Delta=0.2\text{mm}$ 条件下的工作台振动图

(a)工作台横向振动；(b)工作台进给方向振动；(c)工作台垂向振动

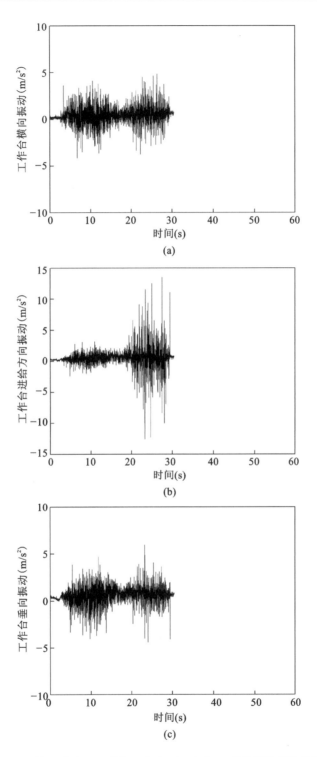

图 3.9　$\omega=1200\mathrm{r/min}, v=200\mathrm{mm/min}, \Delta=0.2\mathrm{mm}$ **条件下的工作台振动图**

(a)工作台横向振动;(b)工作台进给方向振动;(c)工作台垂向振动

度太大引起的搅拌头扭矩也大,进而促使搅拌头出现振动波动较大。其实,速度太小也会引起搅拌头扭矩增大,因为搅拌头与工件的摩擦力变大,因此其前进阻力增大,故而导致其振动增大。

从图 3.7～图 3.9 可以看出,在相同的搅拌头转速($\omega=1200$r/min)和相同的下压量($\Delta=0.2$mm)下,搅拌头的前进速度对工作台振动还是有一定的影响。上述测试发现,搅拌头前进速度为 150mm/min 时工作台相对振动较小。

3.2.2　搅拌头前进速度和下压量一定条件下的振动测试

图 3.10、图 3.11 和图 3.5 是搅拌头转速不同,搅拌头前进速度($v=150$mm/min)和搅拌头下压量($\Delta=0.2$mm)相同条件下的测试。从图中明显可以看出,搅拌头转速越大,其振动越小,即在相同的搅拌头前进速度和相同的下压量情况下,

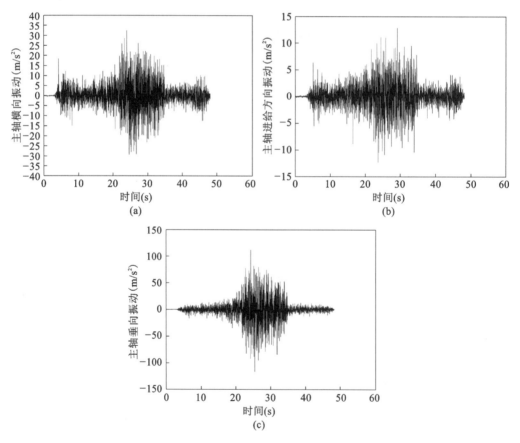

图 3.10　$\omega=800$r/min,$v=150$mm/min,$\Delta=0.2$mm 条件下的主轴振动图

(a)主轴横向振动;(b)主轴进给方向振动;(c)主轴垂向振动

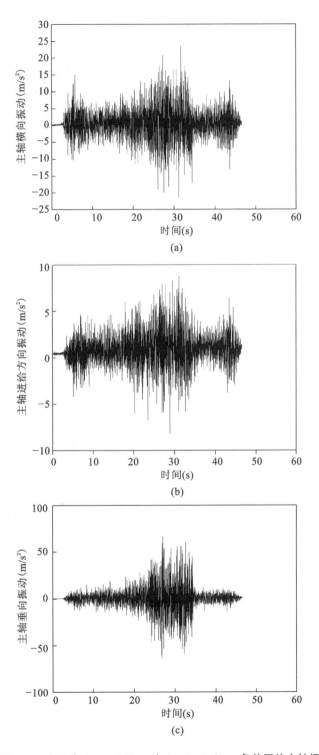

图 3. 11 $\omega=1000\mathrm{r/min}, v=150\mathrm{mm/min}, \Delta=0.2\mathrm{mm}$ 条件下的主轴振动图

（a）主轴横向振动；（b）主轴进给方向振动；（c）主轴垂向振动

随着搅拌头的转速越大,主轴振动越小。因此,搅拌头的转速对主轴的振动有着一定的影响。

图 3.12 和图 3.13 中关于工作台振动在各方向的大小和趋势基本相同。但与图 3.8 相比,搅拌头转速在 $\omega=1200\mathrm{r/min}$ 时,工作台各方向的振动明显较小,即当搅拌头前进的速度 $v=150\mathrm{mm/min}$,下压量 $\Delta=0.2\mathrm{mm}$ 时,工作台的振动随着搅拌头转速的增大而减小。这就与高速铣削一样,在较高的转速下,搅拌产生的热越多,金属越容易塑化,塑化金属流动性就越好,使得搅拌头在搅拌前进过程中产生的作用力较小,引起的振动也就相应较小。从图 3.7、图 3.8、图 3.9、图 3.12 和图 3.13 看出,FSSP 引起的工作台振动整体都较小。

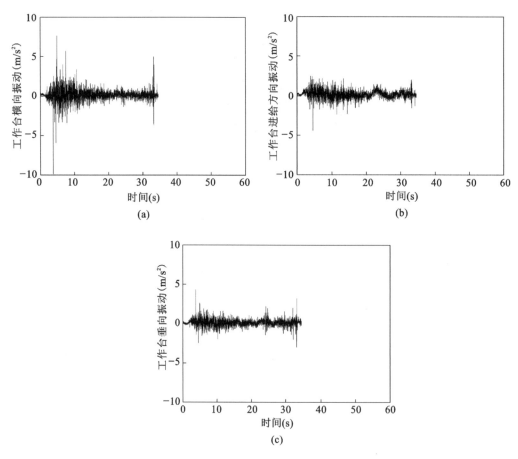

图 3.12 $\omega=800\mathrm{r/min}$,$v=150\mathrm{mm/min}$,$\Delta=0.2\mathrm{mm}$ 条件下的工作台振动图

(a)工作台横向振动;(b)工作台进给方向振动;(c)工作台垂向振动

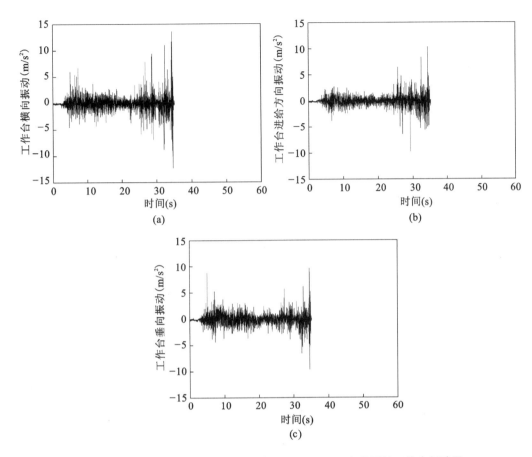

图 3.13　$\omega=1000\text{r/min},v=150\text{mm/min},\Delta=0.2\text{mm}$ **条件下的工作台振动图**

(a)工作台横向振动；(b)工作台进给方向振动；(c)工作台垂向振动

3.3　疲劳性能分析

　　本节对第 2 章讨论的在合金表层开孔植入相应的颗粒，并通过 FSSP 将植入的颗粒弥散到合金的表层以增强合金表层性能这一结论进行了测试。图 3.14所示为对不同工艺条件下 FSSP 植入 SiC 颗粒获得的改性铜合金表层及母材进行抗疲劳性能实验测试的结果。从图 3.14(a)中可以看出，一次性 FSSP 植入 SiC 颗粒获得的改性铜合金表层，其疲劳断裂圈数在 23484 圈左右；从图 3.14(b)中可以看出，同方向两次 FSSP 植入 SiC 颗粒获得的改性铜合金表层，其疲劳断裂圈数在 29337 圈左右；从图 3.14(c)中可以看出，反方向两次 FSSP 植入 SiC 颗粒获得的改性铜合金表层，其疲劳断裂圈数在 20089 圈左右；从图3.14

(d)中可以看出母材的疲劳断裂圈数在 19067 圈左右。综合分析上述疲劳曲线图,可以得到 FSSP 植入 SiC 颗粒获得的改性铜合金表层的疲劳性能要比母材好的结论。在三种工艺中,反方向两次 FSSP 植入 SiC 颗粒获得的改性铜合金表层的疲劳性能最差,但其比母材的疲劳圈数增加约 5.4%;其次是一次性 FSSP 植入 SiC 颗粒获得的改性铜合金表层,其比母材的疲劳圈数增加约 23.2%;最好的是同方向两次 FSSP 植入 SiC 颗粒获得的改性铜合金表层,其比母材的疲劳圈数增加约53.9%。疲劳性能与材料的硬度、耐磨性等有着一定的关系,而且在某种程度上呈现出线性关系。

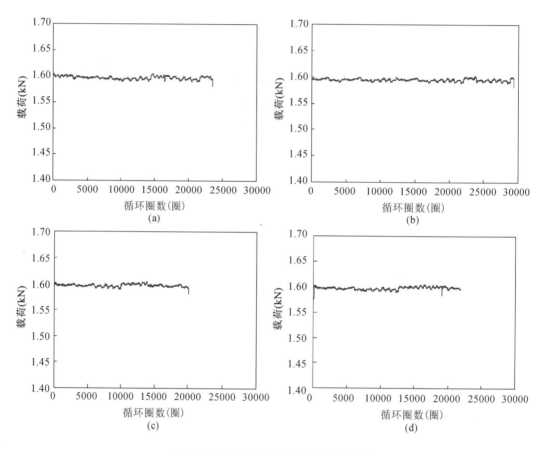

图 3.14　改性层及母材的疲劳性能测试

(a)一次性 $\Delta=0.2\text{mm}$;(b)同方向两次 $\Delta_1=0.15\text{mm}$;$\Delta_2=0.05\text{mm}$;

(c)反方向两次 $\Delta_顺=0.15\text{mm}$;$\Delta_反=0.05\text{mm}$;(d)母材

3.4 小 结

(1)确定了 FSSP 改性铜合金表面过程中的振动监测设备,为研究合金表面质量提供了在振动方面的依据。

(2)当搅拌头转速为 1200r/min,下压量为 0.2mm 时,FSSP 过程中主轴的振动随着搅拌头前进速度先减小后增大;工作台的振动也是随着搅拌头前进速度先减小后增大。

(3)当搅拌头前进速度为 150mm/min,下压量为 0.2mm 时,FSSP 过程中主轴的振动随着搅拌头转速的增加而减小;工作台的振动随着搅拌头转速的增大先增大后减小,但工作台在各参数下的振动均较小。

(4)同方向两次 FSSP 植入 SiC 颗粒获得的改性铜合金表层抗疲劳性能最好,反方向两次 FSSP 植入 SiC 颗粒获得的改性铜合金表层抗疲劳性能相对一次性 FSSP 植入 SiC 颗粒获得的改性铜合金表层抗疲劳性能要差,但都比铜合金母材好。

FSSP 改性铝合金表层性能分析

随着工业技术的不断发展，铝合金在工业中应用得越来越广泛。同时，人们对合金材料性能要求也越来越高。本章采用 FSSP 技术对 6061 铝合金表层进行改性，分析 FSSP 工艺参数对铝合金改性表层金相组织、硬度、抗拉强度、冲击韧性、耐磨性和耐腐蚀性等性能的影响，以期为后续工程应用提供技术指导。

4.1 实验材料及方法

4.1.1 实验材料

实验材料选用 10mm 厚的 6061 铝合金板材（其化学成分如表 4.1 所示），用线切割机将板材切成 210mm×150mm×10mm 的尺寸。

表 4.1 6061 铝合金化学成分（质量分数，%）

Al	Si	Fe	Cu	Mn	Mg	Cr	Zn	Ti
>97.01	0.58	0.41	0.30	<0.15	1.0	0.30	<0.20	<0.05

4.1.2 实验方法

对铝合金进行 FSSP 表层改性前，先要用金相砂纸将铝合金表层的氧化膜去除，然后用清水洗净铝合金表面的氧化膜及脏污，用吹风机吹干，再用无水乙醇擦洗铝合金的表面，再吹干，最后装在工作台上进行 FSSP 改性实验。

实验前调整改性的设备主轴，让其向前倾斜 5°。搅拌针轴肩直径为 24mm，搅拌头逆时针旋转。实验过程中选用的工艺参数为:搅拌头旋转速度 ω 分别为 900r/min、1100r/min 和 1300r/min;搅拌头前进速度 v 分别为 50mm/min、70mm/min 和 90mm/min;搅拌头下压量 Δ 分别为 0.1mm 和 0.2mm。

4.2 铝合金改性表层宏观和微观形貌分析

4.2.1 铝合金改性表层宏观形貌分析

图 4.1 所示为 FSSP 改性铝合金表层的宏观形貌,可以看出改性表层的表面平整光洁、无孔洞,改性表层两侧飞边较少,这说明 FSSP 改性铝合金表层是可行的。

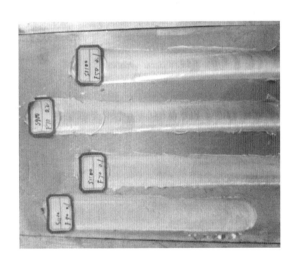

图 4.1 FSSP 改性铝合金表层宏观形貌

4.2.2 铝合金改性表层微观组织分析

铝合金改性表层进行微观组织分析前需要经过砂纸打磨抛光成镜面,再通过腐蚀液腐蚀后经过金相显微镜才能观察。腐蚀液主要成分及比例(体积分数)为 HF1%、HCl1.5%、HNO$_3$2.5% 和 H$_2$O95%。腐蚀时长为 20min。

图 4.2 所示为铝合金母材的金相组织,从图中可以看到经过轧制加工,母材

图 4.2　铝合金母材的金相组织

晶粒受到挤压而被拉长。对比图 4.2 和图 4.3 可发现,加工前母材晶粒比较粗大,而经过 FSSP 改性过的铝合金表层的晶粒明显得到细化且均匀。造成这种现象的原因是 FSSP 改性铝合金表层时,搅拌头高速旋转进入铝合金表层,产生大量的摩擦热使得搅拌区域的晶粒发生再结晶,又因为铝合金散热较快,再结晶的晶粒由于没有受到更多热量的支持,故而不能继续因热而长大,最终形成了细小的等轴晶粒[5,13]。

图 4.3 所示为搅拌头前进速度 $v=50\text{mm/min}$ 和下压量 $\Delta=0.1\text{mm}$ 时,不同搅拌头旋转速度下获得的 FSSP 改性铝合金表层的金相组织。

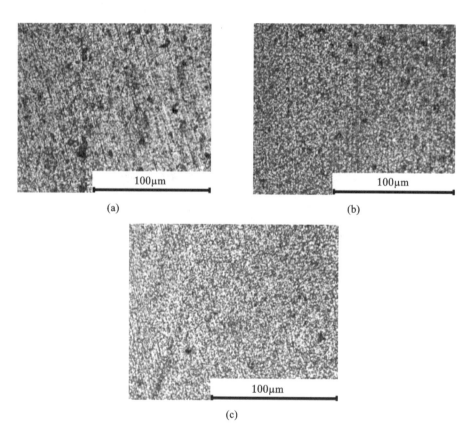

图 4.3　$v=50\text{mm/min}$,$\Delta=0.1\text{mm}$ 时,不同搅拌头旋转速度下获得的金相组织
(a)$\omega=900\text{r/min}$;(b)$\omega=1100\text{r/min}$;(c)$\omega=1300\text{r/min}$

图 4.4 所示为搅拌头前进速度 $v=90\text{mm/min}$ 和下压量 $\Delta=0.2\text{mm}$ 时,不同搅拌头旋转速度下获得的 FSSP 改性铝合金表层的金相组织。

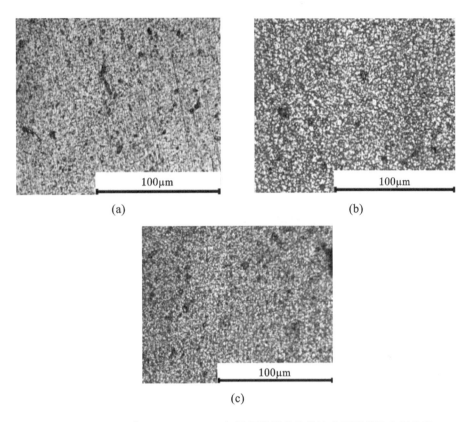

(a)   (b)

(c)

图 4.4 $v=90\text{mm/min}$,$\Delta=0.2\text{mm}$ 时,不同搅拌头旋转速度下获得的金相组织

(a)$\omega=900\text{r/min}$;(b)$\omega=1100\text{r/min}$;(c)$\omega=1300\text{r/min}$

从图 4.3 和图 4.4 可以看出,当搅拌头前进速度和搅拌头下压量一定时,FSSP 改性铝合金表层的晶粒随着搅拌头旋转速度的增加而细化、致密。出现这种现象的主要原因是,在相同的搅拌头前进速度和下压量下,搅拌头旋转速度越大,产生的摩擦热量越多,改性区域的金属越容易出现再结晶现象,同时,搅拌头旋转速度越大,散热也越快,因此细化的再结晶晶粒不易长大,故而晶粒变得更细、更密。

图 4.5 所示为搅拌头旋转速度 $\omega=1100\text{r/min}$,搅拌头下压量 $\Delta=0.1\text{mm}$ 时,不同的搅拌头前进速度下获得的 FSSP 改性铝合金表层的金相组织照片。

图 4.6 所示为搅拌头旋转速度 $\omega=1300\text{r/min}$,搅拌头下压量 $\Delta=0.2\text{mm}$ 时,不同的搅拌头前进速度下获得的 FSSP 改性铝合金表层的金相组织照片。

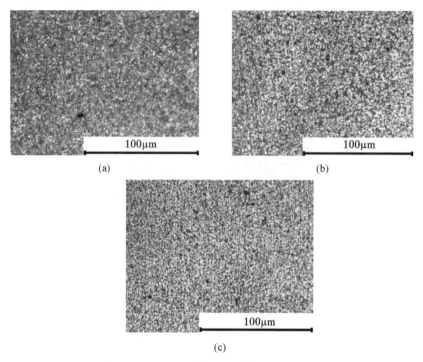

(a)　　　　　　　　　　　　　　(b)

(c)

图 4.5　$\omega=1100\text{r/min}, \Delta=0.1\text{mm}$ 时，不同搅拌头前进速度下获得的金相组织

(a)$v=50\text{mm/min}$；(b)$v=70\text{mm/min}$；(c)$v=90\text{mm/min}$

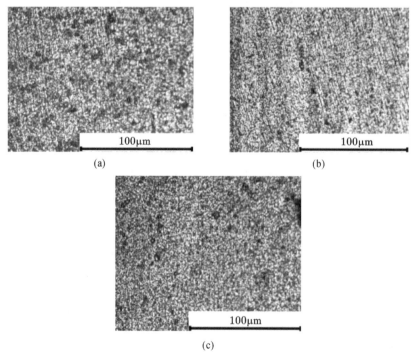

(a)　　　　　　　　　　　　　　(b)

(c)

图 4.6　$\omega=1300\text{r/min}, \Delta=0.2\text{mm}$ 时，不同搅拌头前进速度下获得的金相组织

(a)$v=50\text{mm/min}$；(b)$v=70\text{mm/min}$；(c)$v=90\text{mm/min}$

从图 4.5 和图 4.6 可以看出,当搅拌头旋转速度和下压量一定时,FSSP 改性铝合金表层的金相组织随着搅拌头前进速度的增加变化不大。所以,在搅拌头旋转速度和下压量一定时,搅拌头前进速度对铝合金改性表层金相组织影响不大。这也充分说明搅拌头前进速度对 FSSP 改性铝合金表层摩擦生热影响不大。

图 4.7 所示为搅拌头旋转速度 $\omega=1100\text{r/min}$,搅拌头前进速度 $v=90\text{mm/min}$ 时,搅拌头下压量 Δ 分别为 0.1mm 和 0.2mm 时获得的 FSSP 改性铝合金表层的金相组织照片。

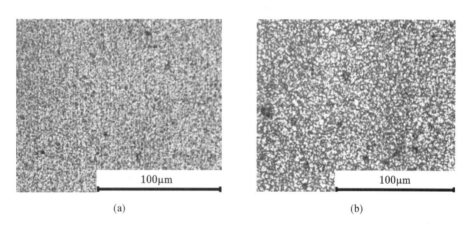

图 4.7 $\omega=1100\text{r/min},v=90\text{mm/min}$ 时,不同下压量获得的改性表层的金相组织
(a)$\Delta=0.1\text{mm}$;(b)$\Delta=0.2\text{mm}$

图 4.8 所示为搅拌头旋转速度 $\omega=1300\text{r/min}$,搅拌头前进速度 $v=70\text{mm/min}$ 时,搅拌头下压量 Δ 分别为 0.1mm 和 0.2mm 时获得的 FSSP 改性铝合金表层的金相组织照片。

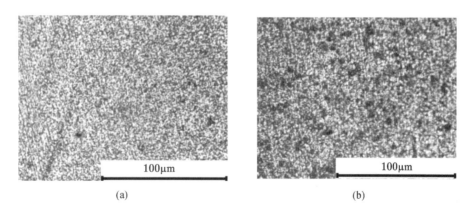

图 4.8 $\omega=1300\text{r/min},v=70\text{mm/min}$ 时,不同下压量获得的改性表层的金相组织
(a)$\Delta=0.1\text{mm}$;(b)$\Delta=0.2\text{mm}$

从图 4.7 和图 4.8 可以看出,FSSP 改性铝合金表层的金相组织明显比母材细化、致密。产生这一现象的原因与前面分析的一样,即 FSSP 改性铝合金表层过程中出现摩擦生热产生再结晶现象,进而出现晶粒细化、致密的结果。同时,从图 4.7 和图 4.8 还可以看出,当搅拌头旋转速度和前进速度一定时,搅拌头下压量 0.2mm 的改性表层晶粒要比下压量 0.1mm 的改性表层晶粒粗大。出现这种现象的主要原因是,在进行铝合金 FSSP 改性表层的过程中,因搅拌头的搅拌及其他两方面的挤压作用产生了大量的摩擦热而实现再结晶,细化晶粒。但是,增加搅拌头的下压量实质就是增加热输入量[25-26],同时由于下压量的增加,不利于热量散出,因此,使得再结晶的晶粒继续因热而长大。故当搅拌头旋转速度和前进速度一定时,搅拌头下压量越大,生成的改性表层晶粒越大。

4.3　铝合金改性表层硬度测试分析

4.3.1　硬度测试试样确定

从 FSSP 改性铝合金表层位置线切割取尺寸为 24mm×10mm×10mm 的试样进行显微硬度测试。显微硬度测试仪型号为 HV-1000,硬度测试时加载的载荷力为 4.9N,压载和卸载时间均为 15s,具体测量的点及选择坐标如图 4.9 所示。

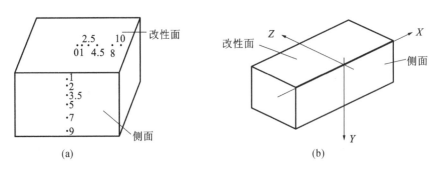

图 4.9　硬度测试位置及选择点坐标方向确定

(a)硬度测试点位置;(b)选择的坐标

4.3.2　硬度测试结果分析

通过显微硬度测试实验得出 FSSP 改性铝合金表层硬度数据并进行记录。当搅拌头前进速度 $v=90\text{mm/min}$,搅拌头下压量 $\Delta=0.1\text{mm}$ 时,不同搅拌头旋转速度下获得的试样的改性表层硬度值测试结果如图 4.10 所示。

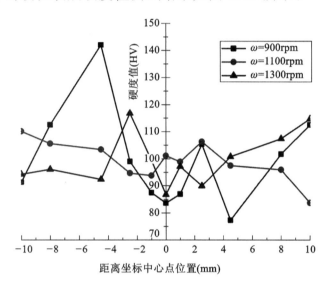

图 4.10　当 $v=90\text{mm/min}$,$\Delta=0.1\text{mm}$ 时,不同 ω 下获得的改性表层硬度测试结果

从图 4.10 可以看出,坐标原点 0 是 FSSP 改性铝合金表层的中心位置,随着坐标值绝对值的增大表示距离中心位置越远。当搅拌头前进速度 $v=90\text{mm/min}$,搅拌头下压量 $\Delta=0.1\text{mm}$ 时,搅拌头旋转速度 $\omega=1100\text{r/min}$ 时得到的 FSSP 改性铝合金表层的硬度要比其他两个旋转速度获得的改性表层硬度略大,图中个别数据存在偏差,有可能是实验数据采集误差或是改性表层氧化物作用的结果等。所有 FSSP 改性的铝合金表层硬度均大于母材硬度,这与前面讨论的金相组织结果较为一致。因此,FSSP 改性铝合金表层可以实现硬度提高。

当搅拌头旋转速度 $\omega=900\text{r/min}$,搅拌头下压量 $\Delta=0.1\text{mm}$ 时,不同搅拌头前进速度下获得的试样的改性表层硬度值测试结果如图 4.11 所示。

从图 4.11 可以看出,当搅拌头旋转速度 $\omega=900\text{r/min}$,搅拌头下压量 $\Delta=0.1\text{mm}$时,搅拌头前进速度 $v=70\text{mm/min}$ 时得到的 FSSP 改性铝合金表层硬度高于其他两个搅拌头前进速度下获得的改性表层硬度,且在改性表层中心位置硬度值明显大于两边位置的硬度值,这与之前各参数条件下获得试样的金相组织分

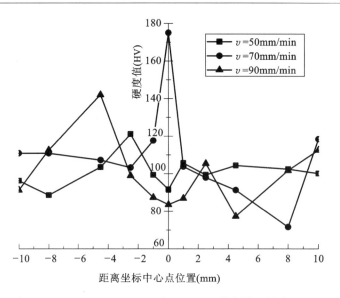

图 4.11   当 $\omega=900\text{r/min},\Delta=0.1\text{mm}$ 时，不同 v 下获得的改性表层硬度测试结果

析结果基本吻合。

当搅拌头前进速度 $v=90\text{mm/min}$，搅拌头下压量 $\Delta=0.1\text{mm}$ 时，不同搅拌头旋转速度下获得的试样的改性表层侧面硬度值测试结果如图 4.12 所示。

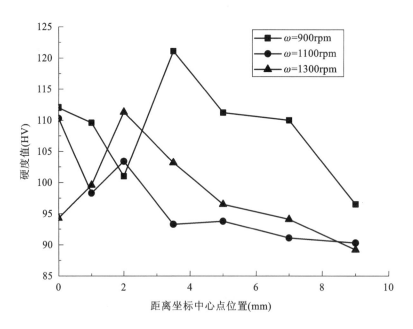

图 4.12   当 $v=90\text{mm/min},\Delta=0.1\text{mm}$ 时，不同 ω 下获得的改性表层侧面硬度测试结果

从图 4.12 可以看出，当搅拌头前进速度 $v=90\text{mm/min}$，搅拌头下压量 $\Delta=0.1\text{mm}$时，搅拌头旋转速度 $\omega=900\text{r/min}$ 时得到的 FSSP 改性铝合金表层侧面的

硬度要比其他两个旋转速度获得的改性表层侧面硬度略大，且都大于母材。同时，在改性表层侧面的硬度值随着距离坐标中心点的距离越远而越小，这充分说明，FSSP 能改性铝合金表层性能，但不破坏其材料底部的性能。

4.4 FSSP 改性铝合金表层抗拉强度和冲击载荷性能分析

4.4.1 改性表层抗拉强度性能分析

FSSP 改性铝合金表层进行抗拉强度实验的试样尺寸(单位:mm)如图 4.13 所示。抗拉强度实验测试设备是上海新三思仪器制造公司生产的。

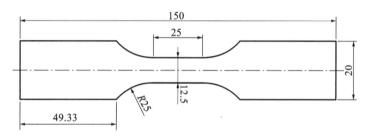

图 4.13 拉伸试样尺寸图

不同 FSSP 工艺参数改性铝合金表层获得的试样进行拉伸实验的结果如表 4.2 所示。

表 4.2 实验数据

FSSP 工艺参数	最大力 F_b(kN)	抗拉强度 σ(MPa)	断后伸长率 A(%)
$\omega=900$r/min，$v=50$mm/min，$\Delta=0.1$mm	44.4	363.8	26.4
$\omega=900$r/min，$v=50$mm/min，$\Delta=0.2$mm	45.8	378.3	25.8
$\omega=900$r/min，$v=70$mm/min，$\Delta=0.1$mm	44.8	364.0	25.2
$\omega=900$r/min，$v=70$mm/min，$\Delta=0.2$mm	45.6	376.7	25.8
$\omega=900$r/min，$v=90$mm/min，$\Delta=0.1$mm	42.2	345.9	26.1
$\omega=900$r/min，$v=90$mm/min，$\Delta=0.2$mm	45.7	375.0	27.1
$\omega=1100$r/min，$v=50$mm/min，$\Delta=0.1$mm	44.7	369.8	24.2
$\omega=1100$r/min，$v=70$mm/min，$\Delta=0.1$mm	45.3	371.3	25.7
母材	44.7	366.4	27.7

　　在搅拌头旋转速度为 900r/min、搅拌头前进速度相同的条件下,搅拌头下压量为 0.2mm 时试样的抗拉强度值要比搅拌头下压量为 0.1mm 时试样的抗拉强度好。在搅拌头下压量为 0.1mm、搅拌头前进速度相同的条件下,搅拌头旋转速度为 1100r/min 时获得的改性表层晶粒要比旋转速度为 900r/min 时获得的改性表层晶粒细化,且改性表层的抗拉强度也要高于旋转速度为 900r/min 时获得的改性表层的抗拉强度。在搅拌头前进速度和下压量相同的条件下,搅拌头旋转速度为 1100r/min 时获得的铝合金表层晶粒的细化程度要高于旋转速度为 900r/min 时获得的改性表层晶粒的细化程度,且铝合金改性表层的抗拉强度明显高于旋转速度为 900r/min 时获得的改性表层的抗拉强度。

4.4.2　改性表层冲击载荷性能分析

　　冲击实验标准试样尺寸为 55mm×10mm×10mm,其上开有宽为 2mm、深度为 2mm 的 45°V 形槽。冲击实验设备采用济南新试金实验机有限公司生产的冲击实验机。具体如图 4.14 所示。

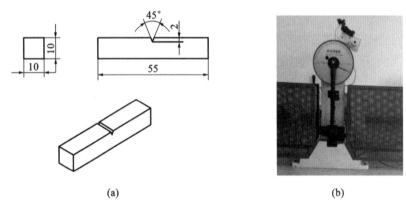

(a)　　　　　　　　　　　　　　　　　(b)

图 4.14　冲击实验试样尺寸及设备

(a)冲击实验标准试样尺寸;(b)冲击实验机

　　冲击载荷实验结果如表 4.3 所示。经过 FSSP 改性铝合金表层的试样冲击载荷性能都比母材的优越。

表 4.3　冲击载荷实验数据

试样编号	旋转速度 ω(r/min)	前进速度 v(mm/min)	下压量 Δ(mm)	冲击能量 (J)	冲击韧度 (J/cm²)
1	900	50	0.1	34.61	34.61
2	1100	50	0.1	41.81	41.81

试样编号	旋转速度 ω(r/min)	前进速度 v(mm/min)	下压量 Δ(mm)	冲击能量 (J)	冲击韧度 (J/cm²)
3	1300	50	0.1	44.05	44.05
4	900	70	0.1	30.62	30.62
5	1100	70	0.1	38.05	38.05
6	1300	70	0.1	42.03	42.03
7	900	50	0.2	41.81	41.81
8	900	70	0.2	38.93	38.93
9	900	90	0.2	36.10	36.10
10	1300	50	0.2	40.47	40.47
11	1300	70	0.2	42.03	42.03
12	1300	90	0.2	45.19	45.19
13	母材			26.35	26.35

从表 4.3 可以看出,当搅拌头前进速度为 50mm/min、搅拌头下压量为 0.1mm 时,试样冲击载荷随着搅拌头旋转速度的增加而增大,搅拌头转速为 1300r/min 时获得试样的冲击载荷性能最好;当搅拌头前进速度为 70mm/min、搅拌头下压量为 0.1mm 时,试样冲击载荷随着搅拌头旋转速度的增加而增大,搅拌头转速为 1300r/min 时获得试样的冲击载荷性能最好;当搅拌头旋转速度为 900r/min,搅拌头下压量为 0.2mm 时,试样冲击载荷性能随着搅拌头前进速度的增加而减小,在搅拌头前进速度为 50mm/min 时冲击载荷性能最好;当搅拌头旋转速度为 1300r/min、搅拌头下压量为 0.2mm 时,冲击载荷随着搅拌头前进速度的增加而增大,在搅拌头前进速度为 90mm/min 时冲击载荷性能最好[16]。

结果表明:当搅拌头旋转速度为 1300r/min、搅拌头前进速度为 90mm/min、搅拌头下压量为 0.2mm 时,经过 FSSP 改性铝合金表层的试样的冲击载荷性能最好。所有 FSSP 改性铝合金表层的试样的冲击载荷性能均比母材的高[18]。这充分说明,FSSP 改性铝合金表层能实现性能提高。

图 4.15 所示为母材断口形貌。图 4.16

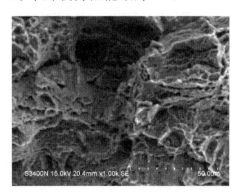

图 4.15 母材冲击断口形貌

所示为表 4.3 中各参数获得的 FSSP 改性铝合金表层冲击断口 SEM 形貌。从图 4.16 中可以看出微观断口形貌是由许多较小的韧窝组成,所以断裂形式为典型的韧窝断裂[14]。从母材的断口形貌可以看出韧窝分布不均匀且韧窝较大。断裂位置是在晶界处、内应力较大、晶粒与晶粒之间间隙大等地方。而 FSSP 改性铝合金表层的材料韧窝较小、分布较均匀,这是由 FSSP 改性铝合金表层晶粒细化造成的[20]。

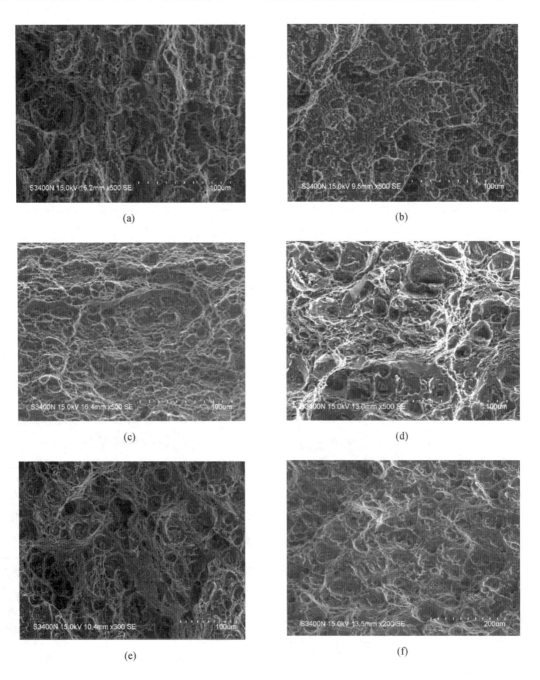

(a)

(b)

(c)

(d)

(e)

(f)

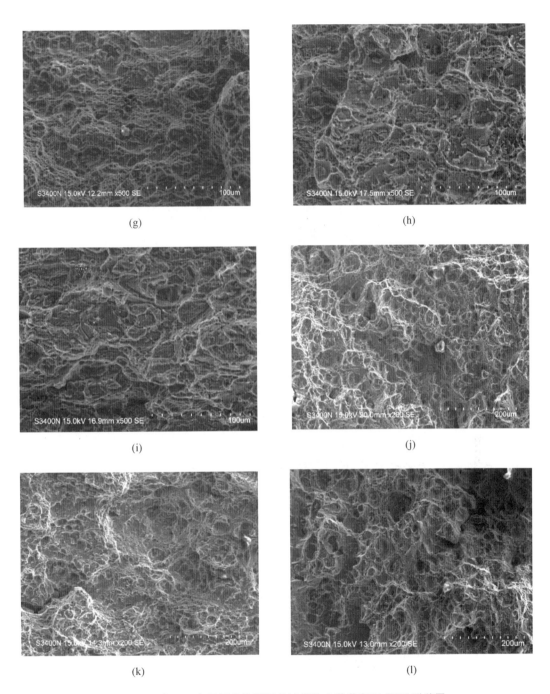

图 4.16　表 4.3 中不同参数获得的试样冲击载荷断口 SEM 形貌图

(a)试样 1；(b)试样 2；(c)试样 3；(d)试样 4；(e)试样 5；(f)试样 6；

(g)试样 7；(h)试样 8；(i)试样 9；(j)试样 10；(k)试样 11；(l)试样 12

4.5　FSSP改性铝合金表层耐磨性分析

利用兰州中科凯华科技开发有限公司生产的高温HT-1000型摩擦磨损实验机（图4.17）进行摩擦磨损实验，磨损杆子的加载质量为350g，GR磨损钢珠半径为1mm，加载杆回转半径为2mm，磨损转速为560r/min，磨损时间为5min。

图4.17　摩擦磨损实验机

4.5.1　改性铝合金表层常温下耐磨性分析

图4.18所示为铝合金母材及不同加工参数获得的改性表层常温下摩擦系数。

从图4.18(a)、(b)和(c)可知，当搅拌头旋转速度为1100r/min，搅拌头下压量为0.2mm，搅拌头前进速度分别为50mm/min，70mm/min和90mm/min时，获得的FSSP改性铝合金表层的平均摩擦系数分别为0.47、0.56和0.26。

从图4.18(d)、(b)和(e)可知，当搅拌头的前进速度为70mm/min，搅拌头下压量为0.2mm，搅拌头旋转速度分别为900r/min、1100r/min和1300r/min时，获得的FSSP改性铝合金表层的平均摩擦系数分别为0.47、0.56和0.38。

从图4.18(f)和(b)可知，当搅拌头的旋转速度为1100r/min，搅拌头的前进速度为70mm/min，搅拌头下压量为0.1mm时，获得的FSSP改性铝合金表层的平均摩擦系数为0.37；当搅拌头的旋转速度为1100r/min，搅拌头的前进速度为70mm/min，搅拌头下压量为0.2mm时，获得的FSSP改性铝合金表层的平均摩擦系数为0.56。

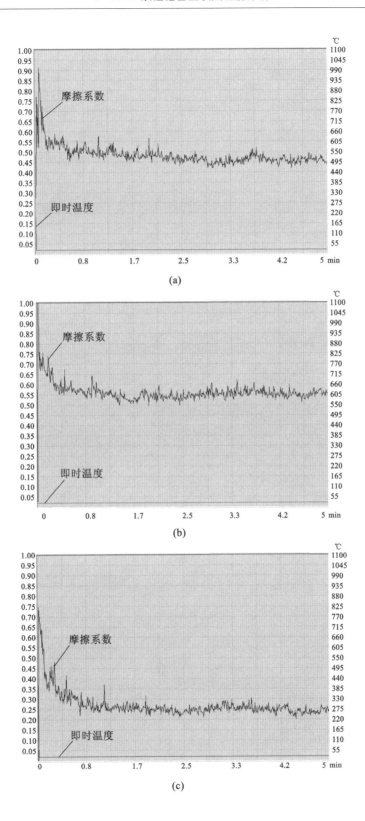

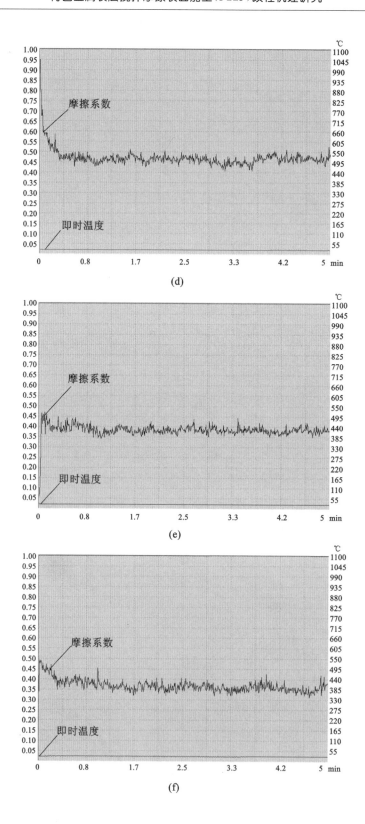

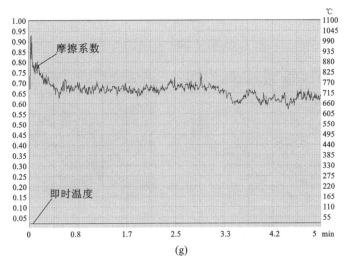

图 4.18 铝合金母材及不同加工参数获得的改性表层常温下的摩擦系数

(a)$\omega=1100$r/min,$v=50$mm/min,$\Delta=0.2$mm;(b)$\omega=1100$r/min,$v=70$mm/min,$\Delta=0.2$mm;

(c)$\omega=1100$r/min,$v=90$mm/min,$\Delta=0.2$mm;(d)$\omega=900$r/min,$v=70$mm/min,$\Delta=0.2$mm;

(e)$\omega=1300$r/min,$v=70$mm/min,$\Delta=0.2$mm;(f)$\omega=1100$r/min,$v=70$mm/min,$\Delta=0.1$mm;(g)母材

从图 4.18(g)可知,母材的平均摩擦系数为 0.67。母材平均摩擦系数均比 FSSP 改性的铝合金表层摩擦系数大,这说明 FSSP 改性铝合金表层能够促使铝合金表层耐磨性提高。

表 4.4 所示为 FSSP 改性铝合金表层各试样的摩擦磨损实验前后质量变化及磨损量变化等。

表 4.4 各试样的质量差值和磨损量变化

试样	质量差值(g)	磨损量(mm³)
母材	0.006	1.649
$\omega=1100$r/min,$v=50$mm/min,$\Delta=0.2$mm	0.003	1.0172
$\omega=1100$r/min,$v=70$mm/min,$\Delta=0.2$mm	0.004	1.4882
$\omega=1100$r/min,$v=90$mm/min,$\Delta=0.2$mm	0.002	0.862
$\omega=900$r/min,$v=70$mm/min,$\Delta=0.2$mm	0.003	1.1027
$\omega=1300$r/min,$v=70$mm/min,$\Delta=0.2$mm	0.002	0.9216
$\omega=1100$r/min,$v=70$mm/min,$\Delta=0.1$mm	0.002	0.8937

由表 4.4 可以看出,当搅拌头旋转速度与下压量一定,随着搅拌头前进速度的增大,FSSP 改性铝合金表层摩擦磨损实验前后的质量差值与磨损量先变大后减小;当搅拌头前进速度和下压量一定时,随着搅拌头旋转速度的增大,FSSP 改性铝合金表层摩擦磨损实验前后的质量差值与磨损量先增大后减小。当搅拌头旋转速度与搅拌头前进速度一定时,随着搅拌头下压量的增加,FSSP 改性铝合金

表层摩擦磨损实验前后的质量差值与磨损量也增加。

图 4.19(a)～(f)是常温下不同 FSSP 参数获得的铝合金改性表层的磨痕在

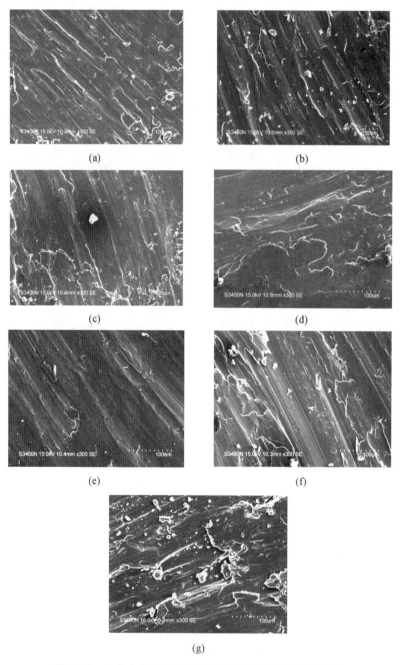

图 4.19　铝合金母材及改性表层常温下的磨痕 SEM 照片

(a)$\omega=1100\mathrm{r/min}$,$v=50\mathrm{mm/min}$,$\Delta=0.2\mathrm{mm}$;(b)$\omega=1100\mathrm{r/min}$,$v=70\mathrm{mm/min}$,$\Delta=0.2\mathrm{mm}$;

(c)$\omega=1100\mathrm{r/min}$,$v=90\mathrm{mm/min}$,$\Delta=0.2\mathrm{mm}$;(d)$\omega=900\mathrm{r/min}$,$v=70\mathrm{mm/min}$,$\Delta=0.2\mathrm{mm}$;

(e)$\omega=1300\mathrm{r/min}$,$v=70\mathrm{mm/min}$,$\Delta=0.2\mathrm{mm}$;(f)$\omega=1100\mathrm{r/min}$,$v=70\mathrm{mm/min}$,$\Delta=0.1\mathrm{mm}$;(g)母材

扫描电镜下放大 300 倍后的照片。从图中可以看到少量颗粒,说明在摩擦磨损过程中出现了磨粒磨损。磨痕中有很多不规则的沟,这是因为在磨损过程中有犁沟磨损。图 4.19(g)为常温下铝合金母材的磨痕在扫描电镜下放大 300 倍后的图片,从图中可以看出其磨痕表面的颗粒较多,磨痕表面脱落较多,整个磨痕表面展现出磨痕面的塑性化严重,故而摩擦系数较大。这与前面的分析基本保持一致。

4.5.2 改性铝合金表层高温下耐磨性分析

4.5.2.1 100℃下耐磨性能分析

图 4.20 所示为不同 FSSP 参数改性铝合金表层试样在 100℃下的摩擦系数。从图 4.20(a)、(b)和(c)可以看出:当搅拌头旋转速度 1100r/min 和下压量 0.2mm 一定,搅拌头前进速度为 50mm/min 时获得的铝合金表层的平均摩擦系数为 0.37;搅拌头前进速度为 70mm/min 时获得的铝合金表层的平均摩擦系数为 0.51;搅拌头前进速度为 90mm/min 时获得的铝合金表层的平均摩擦系数为 0.39。FSSP 在上述三个参数下进行改性铝合金表层试样在 100℃下,其平均摩擦系数均低于或等于母材平均摩擦系数,如图 4.20(g)所示。

从图 4.20(e)和(f)可以看出:当搅拌头的旋转速度 1300r/min 和前进速度 70mm/min 一定,搅拌头下压量为 0.1mm 时获得的铝合金表层的平均摩擦系数为 0.43;搅拌头下压量为 0.2mm 时获得的铝合金表层的平均摩擦系数为 0.48,这两个加工参数下获得的改性层的平均摩擦系数均比母材的小。

从图 4.20(b)、(d)和(f)可以看出:当搅拌头的前进速度 70mm/min 和下压量 0.2mm 一定,搅拌头旋转速度为 1100r/min 时获得的铝合金表层的平均摩擦系数为 0.51;搅拌头旋转速度为 900r/min 时获得的铝合金表层的平均摩擦系数为 0.47;搅拌头旋转速度为 1300r/min 时获得的铝合金表层的平均摩擦系数为 0.48。以上 FSSP 三参数改性铝合金表层试样的平均摩擦系数均与母材的相近。

表 4.5 为 100℃状态下 FSSP 改性铝合金表层试样磨损前后的质量差值,100℃时,表面未经过加工处理的母材磨损量为 0.004g,而经过 FSSP 改性的试样磨损量均小于或等于母材的磨损量。

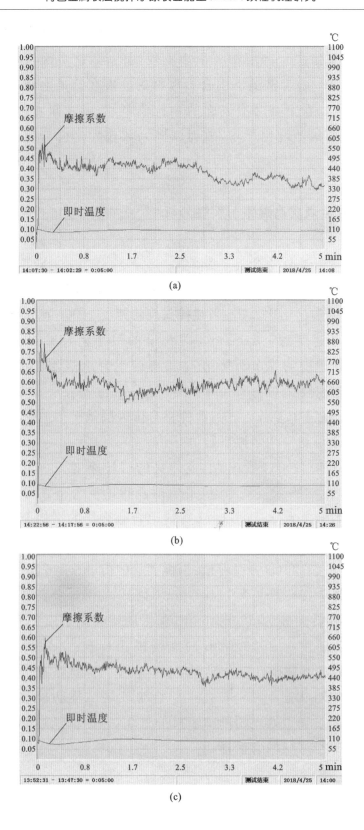

(a)

(b)

(c)

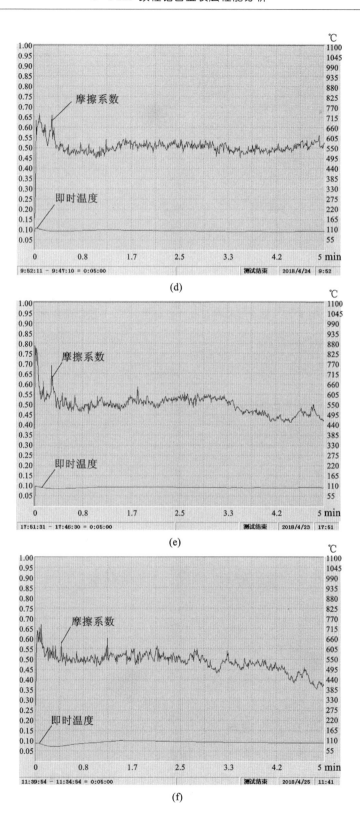

(d)

(e)

(f)

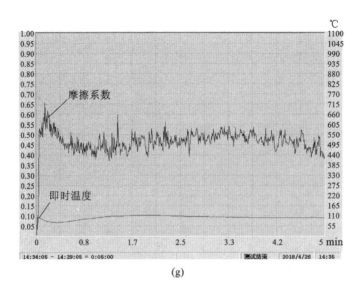

(g)

图 4.20　铝合金母材及改性表层在 100℃下的摩擦系数

(a)$\omega=1100r/min,v=50mm/min,\Delta=0.2mm$;(b)$\omega=1100r/min,v=70mm/min,\Delta=0.2mm$;

(c)$\omega=1100r/min,v=90mm/min,\Delta=0.2mm$;(d)$\omega=900r/min,v=70mm/min,\Delta=0.2mm$;

(e)$\omega=1300r/min,v=70mm/min,\Delta=0.1mm$;(f)$\omega=1300r/min,v=70mm/min,\Delta=0.2mm$;(g)母材

表 4.5　100℃状态下 FSSP 改性铝合金表层试样磨损前后的质量差值

试样编号	质量差值(g)
母材	0.004
$\omega=1100r/min,v=50mm/min,\Delta=0.2mm$	0.002
$\omega=1100r/min,v=70mm/min,\Delta=0.2mm$	0.004
$\omega=1100r/min,v=90mm/min,\Delta=0.2mm$	0.002
$\omega=900r/min,v=70mm/min,\Delta=0.2mm$	0.002
$\omega=1300r/min,v=70mm/min,\Delta=0.2mm$	0.003
$\omega=1300r/min,v=70mm/min,\Delta=0.1mm$	0.004

表 4.5 中的结果与图 4.20 的摩擦系数曲线图基本保持一致。

图 4.21 所示为不同 FSSP 参数改性铝合金表层在 100℃下进行摩擦磨损实验时，通过扫描电镜观察到各磨痕表面的 SEM 照片。

从图 4.21(a)、(c)和(d)看出，这三个参数获得的改性表层磨痕形貌较为平整，在磨损的过程中出现了小颗粒，发生了磨粒磨损；同时，从磨损的纹理可以看出磨损时出现了犁沟磨损，并带有一点黏着磨损。

从图 4.21(b)、(e)和(f)可以看到磨损表面存在较宽的犁沟，有大的磨损颗粒脱落黏着在表面上，磨痕较深，表面有一些大片的剥落层。图 4.21(g)为 100℃母

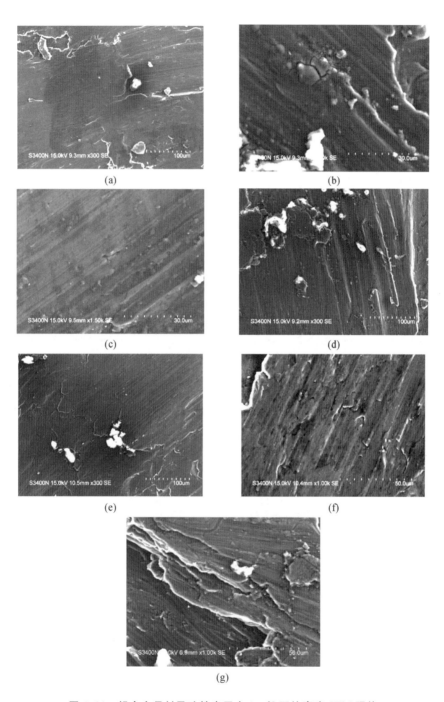

图 4.21 铝合金母材及改性表层在 100℃下的磨痕 SEM 照片

$(a)\omega=1100r/min,v=50mm/min,\Delta=0.2mm;(b)\omega=1100r/min,v=70mm/min,\Delta=0.2mm;$

$(c)\omega=1100r/min,v=90mm/min,\Delta=0.2mm;(d)\omega=900r/min,v=70mm/min,\Delta=0.2mm;$

$(e)\omega=1300r/min,v=70mm/min,\Delta=0.1mm;(f)\omega=1300r/min,v=70mm/min,\Delta=0.2mm;(g)母材$

材的电镜扫描图，从图中可看出磨损面有较深的犁沟，并有大量的黏着磨损，母材磨损程度高于经 FSSP 不同工艺参数改性的铝合金表层。

4.5.2.2　200℃下耐磨性能分析

图 4.22 所示为不同 FSSP 参数改性铝合金表层试样在 200℃下的摩擦系数。从图 4.22（a）、（b）和（c）可以看出：当搅拌头旋转速度 1100r/min 和下压量 0.2mm 一定，搅拌头前进速度为 50mm/min 时获得的铝合金表层的平均摩擦系数为 0.14；搅拌头前进速度为 70mm/min 时获得的铝合金表层的平均摩擦系数为 0.37；搅拌头前进速度为 90mm/min 时获得的铝合金表层的平均摩擦系数为 0.10。上述三个参数下获得的改性铝合金表层试样的平均摩擦系数均低于母材平均摩擦系数 0.51，如图 4.22（g）所示。

从图 4.22（e）和（f）可以看出，当搅拌头的旋转速度 1300r/min 和前进速度 70mm/min 一定，搅拌头下压量为 0.1mm 时获得的铝合金表层的平均摩擦系数为 0.42；搅拌头下压量为 0.2mm 时获得的铝合金表层的平均摩擦系数为 0.34，这两个参数获得的改性层的平均摩擦系数均比母材的（0.51）小。

从图 4.22（b）、（d）和（f）可以看出：当搅拌头的前进速度 70mm/min 和下压量 0.2mm 一定，搅拌头旋转速度为 1100r/min 时获得的铝合金表层的平均摩擦系数为 0.37；搅拌头旋转速度为 900r/min 时获得的铝合金表层的平均摩擦系数为 0.52；搅拌头旋转速度为 1300r/min 时获得的铝合金表层的平均摩擦系数为 0.34。以上三参数获得的改性铝合金表层试样在 200℃下获得的平均摩擦系数小于或接近于母材。

表 4.6 为 200℃状态下 FSSP 改性铝合金表层试样磨损前后的质量差值，200℃时，表面未经过加工处理的母材磨损量为 0.006g，而经过 FSSP 改性的试样磨损量与母材相比有的大有的小。

表 4.6　200℃状态下 FSSP 改性铝合金表层试样磨损前后的质量差值

试样编号	质量差值（g）
母材	0.006
$\omega = 1100r/min, v = 50mm/min, \Delta = 0.2mm$	0.003
$\omega = 1100r/min, v = 70mm/min, \Delta = 0.2mm$	0.006
$\omega = 1100r/min, v = 90mm/min, \Delta = 0.2mm$	0.007
$\omega = 900r/min, v = 70mm/min, \Delta = 0.2mm$	0.007
$\omega = 1300r/min, v = 70mm/min, \Delta = 0.2mm$	0.005
$\omega = 1300r/min, v = 70mm/min, \Delta = 0.1mm$	0.005

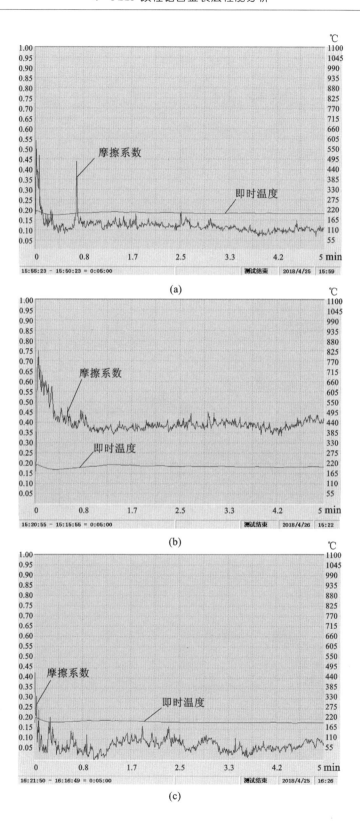

(a)

(b)

(c)

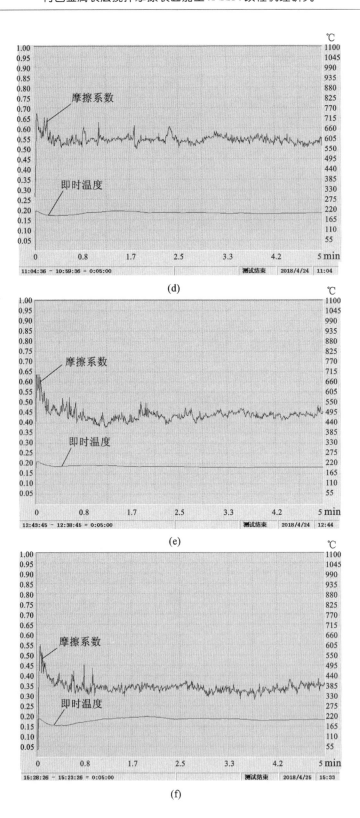

(d)

(e)

(f)

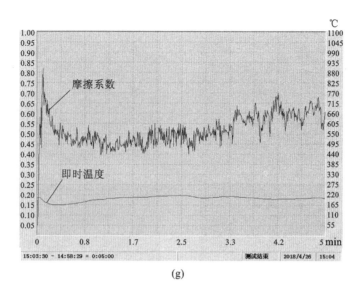

(g)

图 4.22　铝合金母材及改性表层在 200℃下的摩擦系数

(a)$\omega=1100$r/min,$v=50$mm/min,$\Delta=0.2$mm;(b)$\omega=1100$r/min,$v=70$mm/min,$\Delta=0.2$mm;

(c)$\omega=1100$r/min,$v=90$mm/min,$\Delta=0.2$mm;(d)$\omega=900$r/min,$v=70$mm/min,$\Delta=0.2$mm;

(e)$\omega=1300$r/min,$v=70$mm/min,$\Delta=0.1$mm;(f)$\omega=1300$r/min,$v=70$mm/min,$\Delta=0.2$mm;(g)母材

200℃时试件的磨损量较 100℃时的有所增加。可以看出随着温度的升高,试件耐磨性也相应地变差。通过综合对比试件的摩擦磨损曲线、试件实验前后的质量差值,无论是 100℃还是 200℃,FSSP 改性铝合金表层的参数为搅拌头旋转速度为 1100r/min、搅拌头前进速度为 90mm/min、搅拌头下压量为 0.2mm 时,其获得的改性表层耐磨性最好。

表 4.6 中的结果与图 4.22 的摩擦系数曲线图基本保持一致。

图 4.23 所示为不同 FSSP 参数改性铝合金表层在 200℃下进行摩擦磨损实验时,通过扫描电镜观察到各磨痕表面的 SEM 照片。

从图 4.23(a)和(c)可以看出磨损形式主要为磨粒磨损,并有少量的黏着磨损。

从图 4.23(b)、(e)和(f)可以看出磨损表面存在较宽的犁沟,有大的磨损颗粒脱落黏着在表面上,磨痕较深。

从图 4.23(d)可以看出磨损表面磨痕较深,表面存在大片的剥落层,并伴有大片片状层。

图 4.23(g)是母材在 200℃下的磨损磨痕的电镜扫描图,从图中可看出犁沟磨损减少,黏着磨损增加,磨损程度有很大增加。母材的耐磨性明显低于 FSSP 不同工艺参数改性铝合金表层的耐磨性。

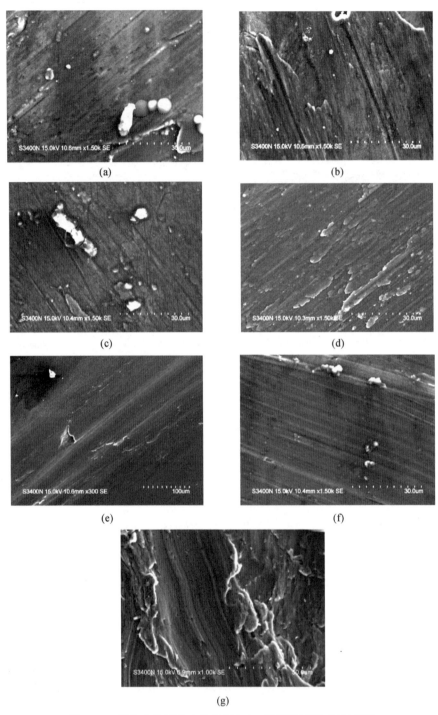

图 4.23　铝合金母材及改性表层在 200℃下的磨痕 SEM 照片

(a)$\omega=1100$r/min，$v=50$mm/min，$\Delta=0.2$mm；(b)$\omega=1100$r/min，$v=70$mm/min，$\Delta=0.2$mm；

(c)$\omega=1100$r/min，$v=90$mm/min，$\Delta=0.2$mm；(d)$\omega=900$r/min，$v=70$mm/min，$\Delta=0.2$mm；

(e)$\omega=1300$r/min，$v=70$mm/min，$\Delta=0.1$mm；(f)$\omega=1300$r/min，$v=70$mm/min，$\Delta=0.2$mm；(g)母材

4.6 FSSP 改性铝合金表层耐腐蚀性分析

4.6.1 改性铝合金表层盐雾耐腐蚀性能分析

盐雾是指空气中含少量盐成分的微小水滴形成了雾的形式。本研究用人工模拟自然形式的方法,使实验箱内形成盐雾环境来对试样的耐盐雾腐蚀性能进行测试。将实验环境的含盐浓度调大至 5%,使腐蚀速度大大提升,能在较短的时间(12h)内得到腐蚀结果。而在盐雾的自然环境下,可能需要一年甚至更久的时间。

首先将氯化钠与水按 1:20 的比例调配,搅拌均匀。将实验箱内的温度设置为 35℃,将饱和桶温度设置为 47℃[17,18],如图 4.24 所示。等待实验箱的温度达到设定温度 35℃时,将工件放入箱内进行腐蚀(使用盐雾实验机将氯化钠溶液以雾状喷于试样上),腐蚀时间为 12h。且喷雾前,此实验液不能含有其他物质,因为其他物质中可能含有腐蚀抑制剂,会破坏腐蚀实验得出的结果,所以不纯物总含量须小于 0.5%。由于配制实验液的时候水中会含有一定量的二氧化碳成分,二氧化碳在水中溶解会影响溶液的 pH 值,所以要控制溶液的 pH 值。pH 值的控制方法:①在常温的环境下进行实验液配制,因为温度的升高(实验温度为 35℃)而使部分二氧化碳逸出使溶液 pH 值升高。②pH 值调整前,将实验用水先

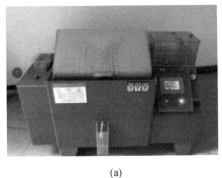
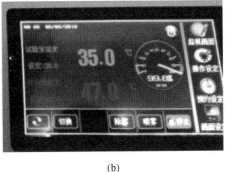

(a)   (b)

图 4.24 盐雾腐蚀设备及温度设置仪表盘

(a)盐雾腐蚀设备;(b)温度设置仪表盘

煮沸再冷却至35℃。如此调整的 pH 值在35℃时，不会发生太大的变化。③先将水加热至35℃以上，能够减少溶液中溶解的二氧化碳含量，而后再调制实验液并调整 pH 值。为避免喷雾嘴堵塞，此实验用水须过滤，于喷雾吸水管前端处装筛过滤[27-28]。

图 4.25 所示为铝合金母材及改性表层盐雾腐蚀表面 SEM 照片。从图 4.25（a）、（b）和（c）可以看出，在搅拌头旋转速度为 1100r/min，搅拌头下压量为 0.2mm 的条件下，搅拌头前进速度为 50mm/min 时获得的 FSSP 改性铝合金表层的腐蚀程度较小，几乎没变化，仅有少量腐蚀坑；搅拌头前进速度为 70mm/min 时获得的 FSSP 改性铝合金表层的腐蚀现象较为严重，多处出现腐蚀坑；搅拌头前进速度为 90mm/min 时获得的 FSSP 改性铝合金表层的腐蚀现象更为严重，整个改性表层表面不平整，多处出现沟状腐蚀。图 4.25（g）为母材腐蚀照片，母材腐蚀最严重。对比图 4.25（a）、（b）、（c）和（g）可知，FSSP 上述参数改性铝合金表层的耐腐蚀性比母材好，这充分说明 FSSP 可以提高铝合金的耐腐蚀性。

从图 4.25（d）和（e）可以看出，在搅拌头旋转速度为 900r/min，搅拌头的前进速度为 70mm/min 的条件下，搅拌头的下压量为 0.1mm 时获得的 FSSP 改性铝合金表层的耐腐蚀性较差，表面出现较多腐蚀坑且不平，多处呈沟状腐蚀现象；搅拌头下压量为 0.2mm 时获得的 FSSP 改性的铝合金表层的耐腐蚀性较好，表面平整且腐蚀坑较少，无沟状腐蚀现象。

从图 4.25（e）和（f）可以看出，在搅拌头的前进速度为 70mm/min，搅拌头下压量为 0.2mm 的条件下，搅拌头旋转速度为 900r/min 时获得的 FSSP 改性铝合金表层的耐腐蚀性较好，表面较为平整且腐蚀坑较少，无沟状腐蚀现象；搅拌头旋转速度为 1300r/min 时获得的 FSSP 改性铝合金表层的耐腐蚀性较差，表面不平且多处呈沟状腐蚀现象，腐蚀坑较多。

4.6.2　改性铝合金表层电化学耐腐蚀性能分析

本研究对 FSSP 改性铝合金表层进行了电化学耐腐蚀实验，实验采用 CS 系列电化学工作站，如图 4.26 所示。电化学腐蚀液为 3.5％氯化钠溶液，每一组的电解时间为 400s。

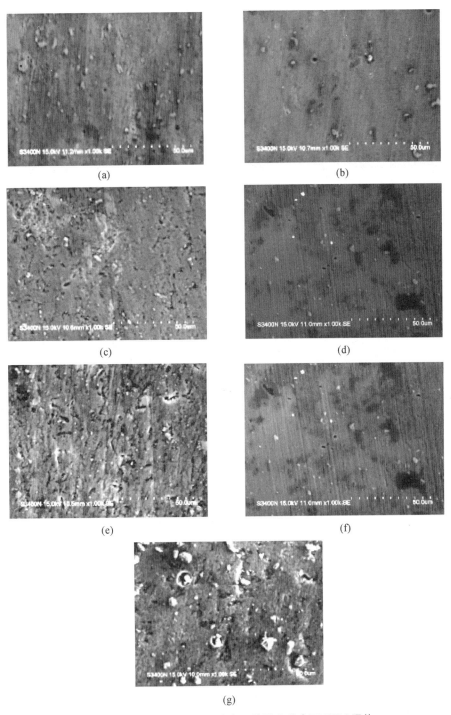

图 4.25　铝合金母材及改性表层盐雾腐蚀表面 SEM 照片

(a)$\omega=1100\text{r/min}$,$v=50\text{mm/min}$,$\Delta=0.2\text{mm}$;(b)$\omega=1100\text{r/min}$,$v=70\text{mm/min}$,$\Delta=0.2\text{mm}$;

(c)$\omega=1100\text{r/min}$,$v=90\text{mm/min}$,$\Delta=0.2\text{mm}$;(d)$\omega=900\text{r/min}$,$v=70\text{mm/min}$,$\Delta=0.1\text{mm}$;

(e)$\omega=900\text{r/min}$,$v=70\text{mm/min}$,$\Delta=0.2\text{mm}$;(f)$\omega=1300\text{r/min}$,$v=70\text{mm/min}$,$\Delta=0.2\text{mm}$;(g)母材

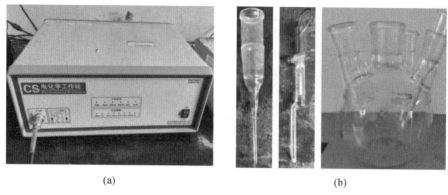

图4.26　CS系列电化学工作站及玻璃仪器等

(a)电化学工作站;(b)腐蚀玻璃仪器

4.6.2.1　不同搅拌头旋转速度对铝合金改性表层耐腐蚀的影响

图4.27所示为不同FSSP参数改性铝合金表层及母材的电化学腐蚀极化曲线。从图4.27可以看出,在搅拌头前进速度为50mm/min、搅拌头下压量为0.1mm参数下,搅拌头旋转速度为900r/min时,腐蚀电流大约为-6.5A;搅拌头旋转速度为1100r/min时,腐蚀电流大约为-6.9A;搅拌头旋转速度为1300r/min时,腐蚀电流为-9~-10A。很容易看出,随着转速的提高,FSSP改性铝合金表层腐蚀电流越小,腐蚀的反应速度越慢,改性表层耐腐蚀性更好。从图4.27中还

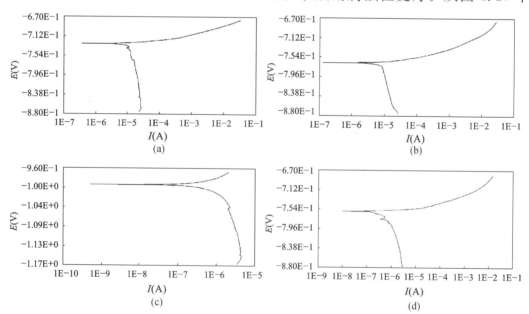

图4.27　$v=50$mm/min,$\Delta=0.1$mm,不同的搅拌头旋转速度

获得FSSP改性铝合金表层及母材的电化学腐蚀极化曲线

(a)$\omega=900$r/min;(b)$\omega=1100$r/min;(c)$\omega=1300$r/min;(d)母材

可以看到电化学腐蚀电位,搅拌头旋转速度为 900r/min 时,腐蚀电位为−7.120～−7.540V;搅拌头旋转速度为 1100r/min 时,腐蚀电位为−7.540～−7.960V;搅拌头旋转速度为 1300r/min 时,腐蚀电位为−9.600～−10.020V,这是因为腐蚀电位越高越耐腐蚀。所以在其他条件相同下,搅拌头旋转速度为 1300r/min 时获得的改性表层的耐腐蚀性最好。

图 4.28 所示为不同 FSSP 参数改性铝合金表层及母材的电化学腐蚀后 SEM 照片。从图 4.28 可以看出,在搅拌头前进速度为 50mm/min,搅拌头下压量为 0.1mm 的条件下,搅拌头旋转速度为 900r/min 时获得的改性表层腐蚀较明显且有明显的裂缝,见图 4.28(a);搅拌头旋转速度为 1100r/min 时获得的改性表层有腐蚀痕迹,但腐蚀裂痕分布不多,裂痕深度较浅,见图 4.28(b);当转速为 1300r/min 时获得的改性表面腐蚀没有明显的痕迹(有很多腐蚀凹痕,但是没有出现腐蚀裂痕),见图 4.28(c)。分析图 4.28 可知,转速为 1300r/min 时所处理的材料体现出较好的耐腐蚀性,与金相结果显示相同。

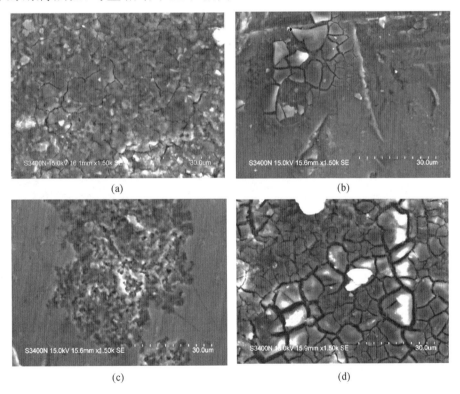

图 4.28　$v=50\text{mm/min}$,$\Delta=0.1\text{mm}$,不同的搅拌头旋转速度获得 FSSP
改性铝合金表层及母材的电化学腐蚀后 SEM 照片
(a)$\omega=900\text{r/min}$;(b)$\omega=1100\text{r/min}$;(c)$\omega=1300\text{r/min}$;(d)母材

4.6.2.2　不同搅拌头前进速度对铝合金改性表层耐腐蚀的影响

不同搅拌头前进速度下获得 FSSP 改性铝合金表层的电化学腐蚀极化曲线及 SEM 照片分别如图 4.29、图 4.30 所示。从图 4.29 可以看出,在搅拌头旋转速度为 1100r/min,搅拌头下压量为 0.1mm 的条件下,当搅拌头前进速度为 50mm/min 时获得的改性表层电化学腐蚀电位为 −7.540～−7.960V,腐蚀电流为 −6～−7A;当搅拌头前进速度为 70mm/min 时获得的改性表层电化学腐蚀电位及腐蚀电流为 −7.460～−7.940V,腐蚀电流为 −6～−7A;当搅拌头前进速度为 90mm/min 时获得的改性表层电化学腐蚀电位及腐蚀电流为 −7.960～−8.380V 和 −8～−9A。分析图 4.29 可知,当搅拌头旋转速度为 1100r/min,搅拌头下压量为 0.1mm ,搅拌头前进速度为 70mm/min 时获得的改性表层电化学腐蚀性能最好。

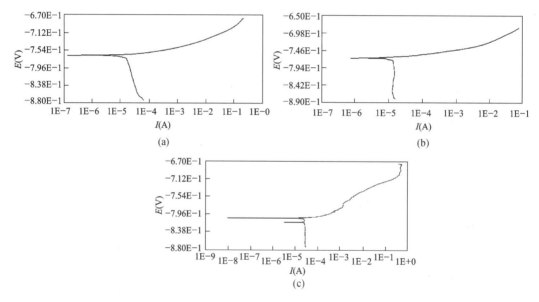

图 4.29　$\omega=1100r/min, \Delta=0.1mm$,不同的搅拌头前进速度

获得 FSSP 改性铝合金表层的电化学腐蚀极化曲线

(a)$v=50mm/min$;(b)$v=70mm/min$;(c)$v=90mm/min$

从图 4.30 可以看出,在搅拌头旋转速度为 900r/min,搅拌头下压量为0.1mm 的条件下,当搅拌头前进速度为 50mm/min 和 90mm/min 时获得的改性表层表面有明显的腐蚀,且搅拌头前进速度为 50mm/min 时获得的改性表层表面腐蚀痕迹较为明显,有明显裂缝;搅拌头前进速度为 70mm/min 时获得的改性表层表面腐蚀较少且为点腐蚀。分析图 4.30 可知,搅拌头前进速度为 70mm/min 时获得的改性表层表面耐腐蚀性较好。

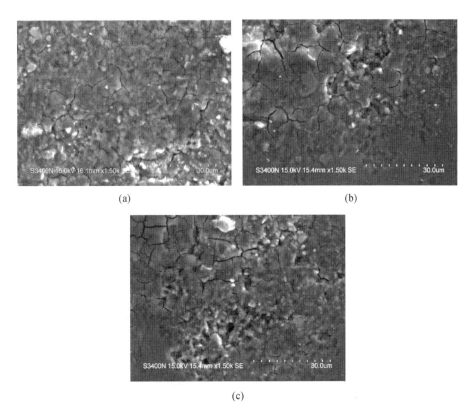

图 4.30 $\omega = 1100\text{r/min}, \Delta = 0.1\text{mm}$，不同的搅拌头旋转速度

获得 FSSP 改性铝合金表层的电化学腐蚀后 SEM 照片

(a)$v = 50\text{mm/min}$；(b)$v = 70\text{mm/min}$；(c)$v = 90\text{mm/min}$

4.6.2.3 不同搅拌头下压量对铝合金改性表层耐腐蚀的影响

不同搅拌头下压量获得的 FSSP 改性铝合金表层的电化学腐蚀极化曲线及 SEM 照片如图 4.31～图 4.36 所示。从图 4.31、图 4.33 和图 4.35 可以看出，当搅拌头旋转速度和搅拌头前进速度一定时，不同搅拌头下压量获得的改性表层的电化学腐蚀电流和电位发生变化，即搅拌头下压量由 0.1mm 变为 0.2mm 时，腐蚀电流均变大，腐蚀电位均变小。所以，当搅拌头旋转速度和搅拌头前进速度一定时，搅拌头下压量为 0.1mm 时 FSSP 改性铝合金表层的耐腐蚀性较好。这与图 4.32、图 4.34 和图 4.36 完全一致。

FSSP 改性铝合金表层耐腐蚀性均优于母材，其中搅拌头旋转速度和下压量对改性表层耐腐蚀性影响最为明显。

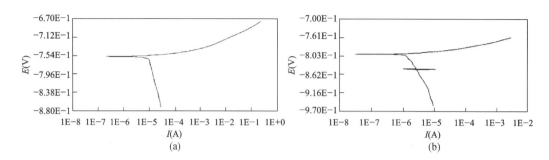

图 4.31　$\omega=900\mathrm{r/min}$，$v=50\mathrm{mm/min}$，不同的搅拌头下压量

获得 FSSP 改性铝合金表层的电化学腐蚀极化曲线

(a)$\Delta=0.1\mathrm{mm}$；(b)$\Delta=0.2\mathrm{mm}$

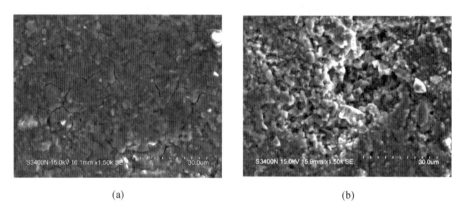

图 4.32　$\omega=900\mathrm{r/min}$，$v=50\mathrm{mm/min}$，不同的搅拌头下压量

获得 FSSP 改性铝合金表层的电化学腐蚀后 SEM 照片

(a)$\Delta=0.1\mathrm{mm}$；(b)$\Delta=0.2\mathrm{mm}$

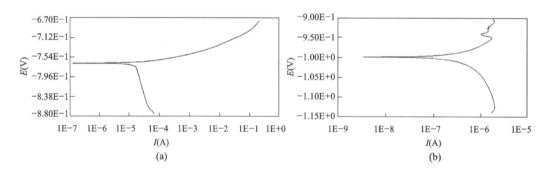

图 4.33　$\omega=1100\mathrm{r/min}$，$v=50\mathrm{mm/min}$，不同的搅拌头下压量

获得 FSSP 改性铝合金表层的电化学腐蚀极化曲线

(a)$\Delta=0.1\mathrm{mm}$；(b)$\Delta=0.2\mathrm{mm}$

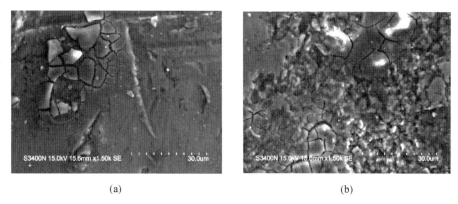

(a)　　　　　　　　　　　　　　(b)

图 4.34　$\omega=1100\text{r/min}$,$v=50\text{mm/min}$,不同的搅拌头下压量

获得 FSSP 改性铝合金表层的电化学腐蚀后 SEM 照片

$(\text{a})\Delta=0.1\text{mm}$;$(\text{b})\Delta=0.2\text{mm}$

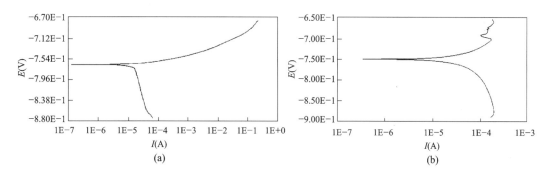

图 4.35　$\omega=1100\text{r/min}$,$v=70\text{mm/min}$,不同的搅拌头下压量

获得 FSSP 改性铝合金表层的电化学腐蚀极化曲线

$(\text{a})\Delta=0.1\text{mm}$;$(\text{b})\Delta=0.2\text{mm}$

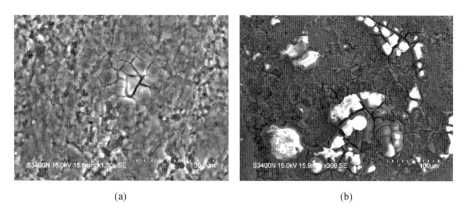

(a)　　　　　　　　　　　　　　(b)

图 4.36　$\omega=1100\text{r/min}$,$v=70\text{mm/min}$,不同的搅拌头下压量

获得 FSSP 改性铝合金表层的电化学腐蚀后 SEM 照片

$(\text{a})\Delta=0.1\text{mm}$;$(\text{b})\Delta=0.2\text{mm}$

4.7　小　　结

本章采用 FSSP 改性 6061 铝合金表层,研究 FSSP 工艺参数对改性表层金相组织的影响规律:FSSP 改性铝合金表层的晶粒均比母材细化、致密;当搅拌头前进速度和搅拌头下压量一定时,改性表层的晶粒随着搅拌头旋转速度的增加而更加细密;当搅拌头旋转速度和搅拌头下压量一定时,改性表层的晶粒细化与搅拌头前进速度关系不大;当搅拌头的旋转速度和搅拌头前进速度一定时,改性表层的晶粒随着搅拌头下压量的增加而略微粗化。

研究 FSSP 工艺参数对改性表层的硬度影响规律:当搅拌头旋转速度为 900r/min,搅拌头前进速度为 70mm/min,搅拌头下压量为 0.1mm 时,改性表层的硬度最大;经过 FSSP 改性铝合金表层的硬度均大于母材硬度;同一改性铝合金试样,其改性层的硬度大于远离改性层位置的硬度。

研究 FSSP 工艺参数对改性表层的抗拉强度影响规律:FSSP 改性铝合金表层可提高其抗拉强度,但断后伸长率要低于母材;当搅拌头旋转速度为 900r/min,搅拌头前进速度相同,搅拌头下压量为 0.2mm 时获得的改性表层抗拉强度要比搅拌头下压量为 0.1mm 时的好,且改性表层晶粒要比搅拌头下压量为 0.1mm 时的细化程度高;当搅拌头下压量为 0.1mm,搅拌头前进速度为 50mm/min 或者 70mm/min,搅拌头旋转速度为 1100r/min 时获得的改性表层抗拉强度要优于旋转速度为 900r/min 时的抗拉强度;当搅拌头旋转速度为 900r/min、搅拌头前进速度为 50mm/min、搅拌头下压量为 0.2mm 时获得的改性表层抗拉强度最佳,断后伸长率为 25.8%。

研究 FSSP 工艺参数对改性表层的冲击载荷影响规律:当搅拌头旋转速度为 1300r/min、搅拌头前进速度为 90mm/min、搅拌头下压量为 0.2mm 时获得的改性表层冲击载荷性能最好。

研究 FSSP 工艺参数对改性表层的耐磨性影响规律:常温下,FSSP 改性铝合金表层的耐磨性要优于母材的耐磨性;FSSP 改性铝合金表层的耐磨性随着搅拌头旋转速度、搅拌头前进速度和搅拌头下压量的不同而改变;FSSP 改性铝合金表层的磨损形式以犁沟磨损为主,颗粒磨损为辅。高温下(100℃或 200℃),FSSP 改性铝合金表层的耐磨性均高于母材的耐磨性,高温磨损易出现再结晶现象;FSSP

改性铝合金表层的磨损形式以磨粒磨损和犁沟磨损为主,伴随有少量的黏着磨损,随着温度的升高,犁沟磨损减少,黏着磨损增加;高温下具有最佳耐磨性的改性 FSSP 工艺参数为:搅拌头旋转速度为 1100r/min,搅拌头前进速度为 90mm/min,搅拌头下压量为 0.2mm。

研究 FSSP 工艺参数对改性表层的耐腐蚀性的影响规律:

盐雾腐蚀:当搅拌头的旋转速度为 1100r/min、搅拌头下压量为 0.2mm,搅拌头前进速度为 50mm/min 时获得的改性表层耐腐蚀性好;当搅拌头旋转速度为 900r/min、搅拌头前进速度为 70mm/min,搅拌头下压量为 0.2mm 时获得的改性表层耐腐蚀性好;当搅拌头下压量 0.2mm、搅拌头前进速度为 70mm/min,搅拌头旋转速度为 900r/min 时获得的改性表层耐腐蚀性好。铝合金母材腐蚀较为严重,表面存在较宽的沟状腐蚀,腐蚀坑较大,腐蚀面积较大,耐腐蚀性能较差。不同 FSSP 工艺参数改性的铝合金表层,改性后的表层较为平整,腐蚀坑较少,无过多沟状腐蚀现象,获得的改性层耐腐蚀性较好。可得出,FSSP 改性铝合金表层耐腐蚀性要优于母材的,其中耐腐蚀性最好的 FSSP 工艺参数为:搅拌头旋转速度为 1100r/min,搅拌头前进速度为 50mm/min,搅拌头下压量为 0.2mm。

电化学腐蚀:随着搅拌头旋转速度的提高,FSSP 改性铝合金表层腐蚀电流越小,腐蚀的反应速度越慢,改性表层耐腐蚀性更好,在其他条件相同下,搅拌头旋转速度为 1300r/min 时获得的改性表层的耐腐蚀性最好;当搅拌头旋转速度为 1100r/min,搅拌头下压量为 0.1mm,搅拌头前进速度为 70mm/min 时获得的改性表层电化学腐蚀性能最好;当搅拌头旋转速度和搅拌头前进速度一定时,不同搅拌头下压量获得的改性表层的电化学腐蚀电流和电位发生变化,即从搅拌头下压量由 0.1mm 变为 0.2mm 时,腐蚀电流均变大,腐蚀电位均变小。所以,当搅拌头旋转速度和搅拌头前进速度一定时,搅拌头下压量为 0.1mm 时 FSSP 改性铝合金表层的耐腐蚀性较好。

FSSP 改性铜合金表层性能分析

随着工业技术的不断发展,铜合金在船舶、汽车等制造业中应用越来越多。目前,提高铜合金性能的工艺方法有很多,本章采用 FSSP 技术对 H62 铜合金进行表层改性,并分析了 FSSP 工艺参数对铜合金改性表层金相组织、硬度、耐磨性和耐腐蚀性等性能的影响,为后续工程应用提供技术指导。

5.1 实验材料及方法

5.1.1 实验材料

实验材料为 H62 铜合金,其化学成分(质量分数,%)如表 5.1 所示。

表 5.1 H62 铜合金主要化学成分(质量分数,%)

Cu	Fe	Pb	Ni	Zn	杂质
60.5~63.5	0.15	0.08	0.5	余量	0.3

5.1.2 实验方法

对铜合金进行 FSSP 表层改性前,先要用金相砂纸将铜合金表层的污垢去除,然后用清水洗净铜合金表面的污垢,用吹风机吹干,再用无水乙醇擦洗铜合金的表面,然后再吹干,最后装在工作台上进行 FSSP 改性实验。

实验前调整改性的设备主轴,让其向前倾斜 5°。搅拌针轴肩直径为 24mm,搅拌头逆时针旋转。实验过程中选用的工艺参数为:搅拌头旋转速度分别为

700r/min、1000r/min 和 1300r/min；搅拌头前进速度分别为 100mm/min、150mm/min 和 200mm/min；搅拌头下压量分别为 0.1mm 和 0.2mm。

5.2　铜合金改性表层宏观和微观形貌分析

5.2.1　铜合金改性表层宏观形貌分析

图 5.1 所示为 FSSP 改性铜合金表层的宏观形貌，从图中可以看出改性表层平整光滑，且无明显缺陷。由此可见，FSSP 改性铜合金表层是完全可以实现的。

图 5.1　FSSP 改性铜合金表层宏观形貌

5.2.2　铜合金改性表层微观组织分析

铜合金改性表层进行微观组织分析前需要经过砂纸打磨抛光成镜面，再通过腐蚀液腐蚀后经过金相显微镜才能观察。腐蚀液主要为 4% 的硝酸酒精溶液。腐蚀时间为 4～5min。

图 5.2 所示为铜合金母材的金相组织，从图中可以看出，母材晶粒粗大。

图 5.3 是搅拌头旋转速度为 700r/min，搅拌头前进速度为 100mm/min，搅拌头下压量为 0.1mm 时获得的 FSSP 改性铜合金表层的各部位金相组织。从图 5.3(a)、(b) 和 (c) 中可以看出，FSSP 改性铜合金表层的晶粒细化，且越靠近改性层区域的晶粒越细；越远离改性层区域的晶粒越粗，最后趋向于母材晶粒大小[29]。

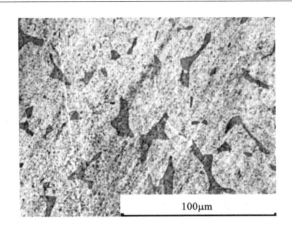

图 5.2　铜合金母材的金相组织

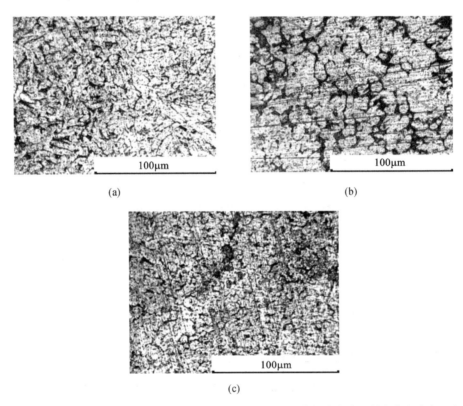

(a)　　　　　　　　　　　　　　　　　　　　　　(b)

(c)

图 5.3　$\omega = 700\text{r/min}, v = 100\text{mm/min}, \Delta = 0.1\text{mm}$ FSSP 改性铜合金表层的各部位金相组织

(a)侧面靠近改性表层的金相组织；(b)侧面远离改性表层的金相组织；(c)侧面改性表层的金相组织

由图 5.2 和图 5.3(c)可以看出，FSSP 改性铜合金表层的晶粒是母材晶粒大小的几十分之一甚至几百分之一，由此可见，FSSP 改性铜合金表层、细化晶粒明显。出现这种现象是由于搅拌头在铜合金表面搅拌摩擦产生了大量的热量，促使铜合金表层发生塑性流动且导致改性表层发生再结晶。

图 5.4 所示为搅拌头前进速度为 100mm/min、搅拌头下压量为 0.1mm,不同搅拌头旋转速度下获得的 FSSP 改性铜合金表层的金相组织。

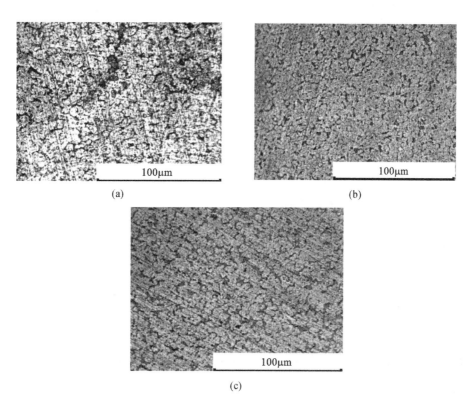

(a)

(b)

(c)

图 5.4 $v=100$mm/min, $\Delta=0.1$mm 时,不同搅拌头旋转速度获得的 FSSP 改性的铜合金表层的金相组织
(a) $\omega=700$r/min;(b) $\omega=1000$r/min;(c) $\omega=1300$r/min

从图 5.4 可以看出,当搅拌头前进速度为 100mm/min,搅拌头下压量为 0.1mm时,FSSP 改性铜合金表层的晶粒细化程度随着搅拌头转速的增加而加深。这是因为在相同的搅拌头前进速度和搅拌头下压量条件下,搅拌头旋转速度越大产生的摩擦热越多,改性表层晶粒越容易再结晶细化。

从图 5.4 还可以看出,当搅拌头旋转速度为 1300r/min,搅拌头下压量为 0.1mm,搅拌头前进速度为 100mm/min 时,FSSP 改性铜合金表层的晶粒细化最为明显,改性表层金相组织比母材更加细小、致密。

图 5.5 是当搅拌头旋转速度为 1000r/min,搅拌头下压量为 0.2mm,不同搅拌头前进速度条件下获得的 FSSP 改性铜合金表层的金相组织。从图中可以看出,当搅拌头旋转速度为 1000r/min,搅拌头前进速度为 100mm/min,搅拌头下压量为 0.2mm 时所获得的 FSSP 改性铜合金表层的晶粒细化最为明显。

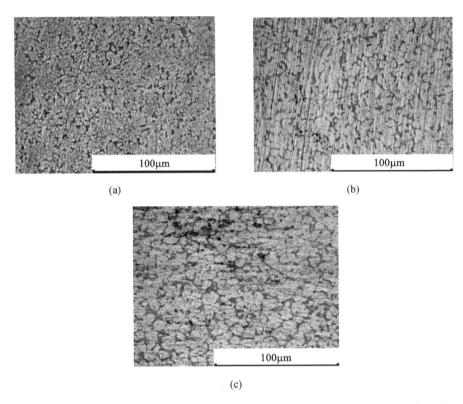

图 5.5　$\omega=1000\text{r/min},\Delta=0.2\text{mm}$ 时,不同搅拌头前进速度获得的 FSSP 改性的铜合金表层的金相组织

(a)$v=100\text{mm/min}$;(b)$v=150\text{mm/min}$;(c)$v=200\text{mm/min}$

　　图 5.6 是当搅拌头旋转速度为 1300r/min,搅拌头前进速度为 150mm/min,不同的搅拌头下压量获得的 FSSP 改性铜合金表层的金相组织。

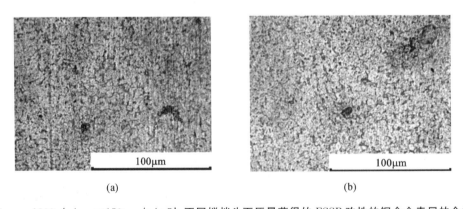

图 5.6　$\omega=1300\text{r/min},v=150\text{mm/min}$ 时,不同搅拌头下压量获得的 FSSP 改性的铜合金表层的金相组织

(a)$\Delta=0.1\text{mm}$;(b)$\Delta=0.2\text{mm}$

　　从图 5.2 和图 5.6 可以看出,FSSP 改性的铜合金表层组织比母材更加细小、致密。另外,由图 5.6 可知,在搅拌头旋转速度为 1300r/min,搅拌头前进速度为

150mm/min 参数下，搅拌头下压量为 0.2mm 时获得的 FSSP 改性铜合金表层的组织要比搅拌头下压量为 0.1mm 获得的改性表层组织细小。出现这种现象的原因是搅拌头下压量为 0.2mm 时，产生的热量大，晶粒发生再结晶，晶粒可以细化。

综上所述，针对铜合金 FSSP 改性过程中，当搅拌头旋转速度越快、搅拌头前进速度越慢、搅拌头下压量越深，获得的改性表层晶粒细化越明显。

5.3　铜合金改性表层硬度测试分析

5.3.1　硬度测试试样确定

从 FSSP 改性铜合金表层位置线切割取尺寸为 24mm×10mm×10mm 的试样进行硬度测试。使用数显洛氏硬度计对 FSSP 改性铜合金表层试样进行硬度测试，硬度测试过程中加载与卸载时间均为 10s，具体测试点的位置及坐标轴选择如图 5.7 所示。

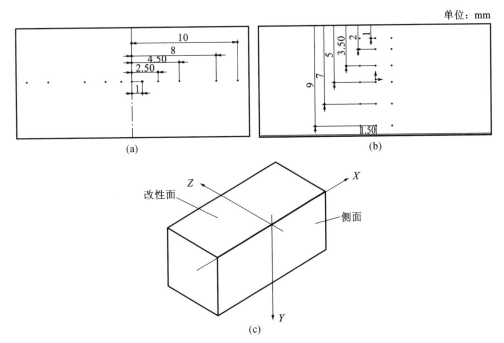

图 5.7　硬度测试点的位置及坐标轴选择

(a)改性表层硬度测试点位置；(b)改性表层侧面硬度测试点位置；(c)坐标轴选择

5.3.2 硬度测试结果分析

铜合金母材平均硬度值为 57.87HRB。各试样改性表层不同位置测试的平均硬度值如表 5.2 所示。

表 5.2 各试样改性表层不同位置硬度（HRB）（平均值）

编号	参数	−10	−8	−4.5	−2.5	−1	0	1	2.5	4.5	8	10
1	$\omega=700\text{r/min}$, $v=100\text{mm/min}$, $\Delta=0.1\text{mm}$	51.9	66	67.9	69.1	69.4	63.3	69.4	70	67.3	61.3	56.1
2	$\omega=700\text{r/min}$, $v=100\text{mm/min}$, $\Delta=0.2\text{mm}$	30	58.4	69.5	69.3	71.1	61.6	71.1	69.7	67.3	52.9	41.1
3	$\omega=700\text{r/min}$, $v=150\text{mm/min}$, $\Delta=0.1\text{mm}$	48.9	56.6	68.8	71.1	72.3	65.1	69.8	71.6	71.2	55.1	30.8
4	$\omega=700\text{r/min}$, $v=150\text{mm/min}$, $\Delta=0.2\text{mm}$	63.2	67.2	69.3	71.2	73.2	60.4	69.8	70	69.8	54.5	56.6
5	$\omega=700\text{r/min}$, $v=200\text{mm/min}$, $\Delta=0.1\text{mm}$	47.3	64.2	70.6	69.8	72.9	61.1	70.5	71	67.4	57.6	28.2
6	$\omega=700\text{r/min}$, $v=200\text{mm/min}$, $\Delta=0.2\text{mm}$	63.1	64	72	74.2	73.9	68.4	73.7	75.3	74.5	68.3	57.7
7	$\omega=1000\text{r/min}$, $v=100\text{mm/min}$, $\Delta=0.1\text{mm}$	10.7	44.1	60	60.1	62	44.6	60.6	61.6	63	52.9	53.6
8	$\omega=1000\text{r/min}$, $v=100\text{mm/min}$, $\Delta=0.2\text{mm}$	43.4	55.7	59.5	58.9	60	52.4	59.8	61.2	60.7	54.9	49.4
9	$\omega=1000\text{r/min}$, $v=150\text{mm/min}$, $\Delta=0.1\text{mm}$	36.6	57.8	65	64.4	65	60.1	65.1	65.6	65.5	60.8	43.9

编号	参数	-10	-8	-4.5	-2.5	-1	0	1	2.5	4.5	8	10
10	$\omega=1000\text{r/min}$, $v=150\text{mm/min}$, $\Delta=0.2\text{mm}$	49.6	54.9	58.2	60.4	58.2	52.8	59.6	62.9	60.2	55.8	36.9
11	$\omega=1000\text{r/min}$, $v=200\text{mm/min}$, $\Delta=0.1\text{mm}$	46.8	62.5	65.2	65	66.4	55.9	65.4	66.9	64.6	57.7	49.7
12	$\omega=1000\text{r/min}$, $v=200\text{mm/min}$, $\Delta=0.2\text{mm}$	42.1	55.5	59.6	59.9	59	53	58.4	59.8	62.9	57.3	46.5
13	$\omega=1300\text{r/min}$, $v=100\text{mm/min}$, $\Delta=0.1\text{mm}$	45.5	58.1	61.9	63.5	62.1	53.9	61.9	63	63.9	56.1	43.5
14	$\omega=1300\text{r/min}$, $v=100\text{mm/min}$, $\Delta=0.2\text{mm}$	49.1	57.3	59.9	60.4	60.2	51.7	62	61.2	61.4	54.5	49.9
15	$\omega=1300\text{r/min}$, $v=150\text{mm/min}$, $\Delta=0.1\text{mm}$	54.2	57.7	61.7	62.2	63.5	59.2	63.6	63	63.6	59.9	59.1
16	$\omega=1300\text{r/min}$, $v=150\text{mm/min}$, $\Delta=0.2\text{mm}$	56.7	56.3	59.1	59.1	59.3	50.4	59.5	60.1	61.9	58.2	56.1
17	$\omega=1300\text{r/min}$, $v=200\text{mm/min}$, $\Delta=0.1\text{mm}$	31.5	56.5	57.7	60.1	59.4	49.4	57.2	59.9	60.8	57.4	44.7
18	$\omega=1300\text{r/min}$, $v=200\text{mm/min}$, $\Delta=0.2\text{mm}$	31.7	54.2	52.7	54.8	55.6	46.4	53	54.3	54.7	54.2	39.3

图 5.8～图 5.10 所示为搅拌头旋转速度分别为 700r/min、1000rmp、1300r/min 时,不同搅拌头前进速度和搅拌头下压量获得的 FSSP 改性铜合金表层的硬度测试曲线图。

从图 5.8 可以看出,搅拌头旋转速度为 700r/min,搅拌头前进速度为 200mm/min,搅拌头下压量为 0.2mm 时,获得的 FSSP 改性的铜合金表层的硬度最高。

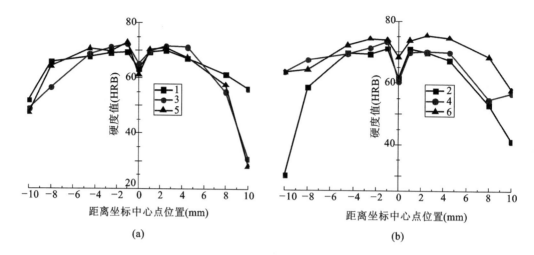

图 5.8　$\omega = 700\mathrm{r/min}$，不同前进速度和下压量获得的改性表层硬度值

(a)$\Delta = 0.1\mathrm{mm}$；(b)$\Delta = 0.2\mathrm{mm}$

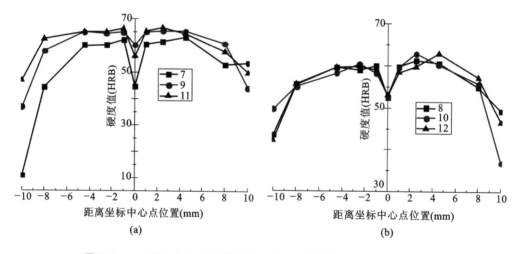

图 5.9　$\omega = 1000\mathrm{r/min}$，不同前进速度和下压量获得的改性表层硬度值

(a)$\Delta = 0.1\mathrm{mm}$；(b)$\Delta = 0.2\mathrm{mm}$

从图 5.9 可以看出，搅拌头旋转速度为 1000r/min，搅拌头前进速度为 150mm/min 或者 200mm/min，搅拌头下压量为 0.1mm 时，获得的 FSSP 改性的铜合金表层的硬度较高。

从图 5.10 可以看出，搅拌头旋转速度为 1300r/min，搅拌头前进速度为 150mm/min，搅拌头下压量为 0.1mm 时，获得的 FSSP 改性的铜合金表层的硬度最高。

综合分析，当搅拌头旋转速度为 700r/min，搅拌头前进速度为 200mm/min，搅拌头下压量为 0.2mm 时，所获得的改性表层硬度最高，且其硬度明显高于其他工艺参数获得的改性表层硬度；当搅拌头旋转速度为 1300r/min，搅拌头前进速度

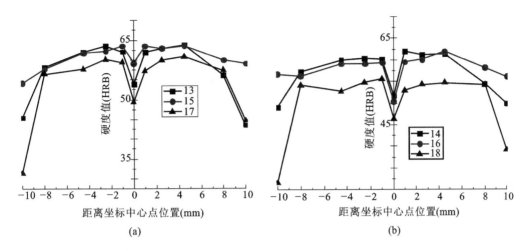

距离坐标中心点位置(mm)

(a)　　　　　　　　　　　　(b)

图 5.10　$\omega=1300\text{r/min}$,不同前进速度和下压量获得的改性表层硬度值

(a)$\Delta=0.1\text{mm}$;(b)$\Delta=0.2\text{mm}$

为 200mm/min,搅拌头下压量为 0.2mm 时,获得的改性表层硬度最低,其硬度明显低于其他工艺参数获得的改性表层硬度。

各参数下获得的改性表层硬度分布基本呈对称状态。各参数下获得的 FSSP 改性铜合金表层侧面硬度值如表 5.3 所示。

表 5.3　各试样改性表层侧面不同位置硬度(HRB)(平均值)

编号	参数	1	2	3.5	5	7	9
1	$\omega=700\text{r/min}$, $v=100\text{mm/min}$, $\Delta=0.1\text{mm}$	45.67	63.93	52.33	51.73	51.53	22.5
2	$\omega=700\text{r/min}$, $v=100\text{mm/min}$, $\Delta=0.2\text{mm}$	50	61.77	52.56	54.77	48.3	12.1
3	$\omega=700\text{r/min}$, $v=150\text{mm/min}$, $\Delta=0.1\text{mm}$	33.27	65.9	51.4	47.43	49.3	8.67
4	$\omega=700\text{r/min}$, $v=150\text{mm/min}$, $\Delta=0.2\text{mm}$	50.43	59.53	52.9	55.73	51.4	16
5	$\omega=700\text{r/min}$, $v=200\text{mm/min}$, $\Delta=0.1\text{mm}$	50.8	64.2	50.1	49.63	51.37	12.23

续表 5.3

编号	参数	1	2	3.5	5	7	9
6	$\omega=700\text{r/min}$， $v=200\text{mm/min}$， $\Delta=0.2\text{mm}$	59.33	62.27	51.47	52.47	54.2	12.83
7	$\omega=1000\text{r/min}$， $v=100\text{mm/min}$， $\Delta=0.1\text{mm}$	45	56.4	58.5	47.3	47	13.53
8	$\omega=1000\text{r/min}$， $v=100\text{mm/min}$， $\Delta=0.2\text{mm}$	30.97	56.5	55.27	50.5	47.3	12.27
9	$\omega=1000\text{r/min}$， $v=150\text{mm/min}$， $\Delta=0.1\text{mm}$	48.33	62.57	53.27	50.9	48.3	27.23
10	$\omega=1000\text{r/min}$， $v=150\text{mm/min}$， $\Delta=0.2\text{mm}$	39.9	60.17	52.5	49.77	47.23	20.1
11	$\omega=1000\text{r/min}$， $v=200\text{mm/min}$， $\Delta=0.1\text{mm}$	47.4	60.43	50.57	51.87	48.6	16.27
12	$\omega=1000\text{r/min}$， $v=200\text{mm/min}$， $\Delta=0.2\text{mm}$	44	62.03	56.43	47.36	46.8	26.7
13	$\omega=1300\text{r/min}$， $v=100\text{mm/min}$， $\Delta=0.1\text{mm}$	30.57	57.3	48.87	48.27	47.57	10.03
14	$\omega=1300\text{r/min}$， $v=100\text{mm/min}$， $\Delta=0.2\text{mm}$	38.8	57.2	53.33	46.76	47.03	20.03
15	$\omega=1300\text{r/min}$， $v=150\text{mm/min}$， $\Delta=0.1\text{mm}$	42	61.87	55.67	53.9	49.73	23.73
16	$\omega=1300\text{r/min}$， $v=150\text{mm/min}$， $\Delta=0.2\text{mm}$	34.2	59.93	54.9	53.17	45.73	11.8

编号	参数	1	2	3.5	5	7	9
17	$\omega=1300\text{r/min}$, $v=200\text{mm/min}$, $\Delta=0.1\text{mm}$	24.67	58.53	51.57	51	47.3	12.9
18	$\omega=1300\text{r/min}$, $v=200\text{mm/min}$, $\Delta=0.2\text{mm}$	32.87	55.87	50.67	50.1	47.63	13.43

图 5.11～图 5.13 所示为搅拌头旋转速度分别为 700r/min、1000r/min、1300r/min,不同搅拌头前进速度和搅拌头下压量获得的 FSSP 改性铜合金表层侧面的硬度测试曲线图。

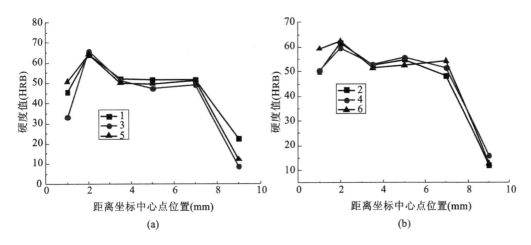

图 5.11 $\omega=700\text{r/min}$,不同前进速度和下压量获得的改性表层侧面硬度值

(a)$\Delta=0.1\text{mm}$;(b)$\Delta=0.2\text{mm}$

从图 5.11 可以看出,在搅拌头旋转速度为 700r/min 的参数下,搅拌头前进速度为 200mm/min、搅拌头下压量为 0.2mm 时获得的改性表层的侧面硬度较高;搅拌头前进速度为 150mm/min、搅拌头下压量为 0.1mm 时获得的改性表层侧面硬度曲线峰值最高。

从图 5.12 可以看出,在搅拌头旋转速度为 1000r/min 的参数下,搅拌头前进速度为 150mm/min、搅拌头下压量为 0.1mm 时获得的改性表层侧面硬度测量曲线中出现最高硬度峰值;当搅拌头前进速度为 100mm/min、搅拌头下压量为0.2mm时获得的改性表层侧面硬度明显低于其他工艺条件下获得的,且硬度曲线峰值最低。

从图 5.13 可以看出,当搅拌头旋转速度为 1300r/min,搅拌头前进速度为

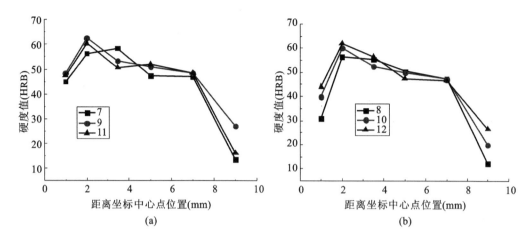

图 5.12　$\omega = 1000\text{r/min}$，不同前进速度和下压量获得的改性表层侧面硬度值

(a)$\Delta = 0.1\text{mm}$；(b)$\Delta = 0.2\text{mm}$

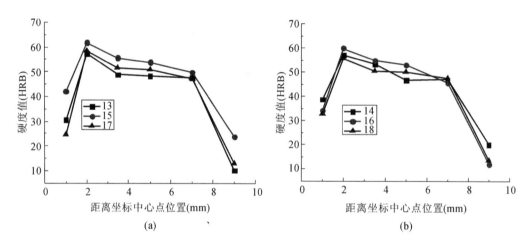

图 5.13　$\omega = 1300\text{r/min}$，不同前进速度和下压量获得的改性表层侧面硬度值

(a)$\Delta = 0.1\text{mm}$；(b)$\Delta = 0.2\text{mm}$

150mm/min，搅拌头下压量为 0.1mm 时获得的改性表层侧面测试硬度曲线峰值最高。

从图 5.11(a)、5.12(a)和 5.13(a)可知，当搅拌头前进速度分别为 100mm/min、150mm/min、200mm/min，搅拌头下压量为 0.1mm，搅拌头旋转速度分别为 700r/min、1000r/min、1300r/min 时，搅拌头旋转速度为 700r/min 的参数下获得的改性表层侧面硬度最高；从图 5.11(b)、5.12(b)和 5.13(b)可知，当搅拌头前进速度为 100mm/min、150mm/min、200mm/min，搅拌头下压量为 0.2mm，搅拌头旋转速度分别为 700r/min、1000r/min、1300r/min 时，还是搅拌头旋转速度为 700r/min 的参数下获得的改性表层侧面硬度最高。

从图 5.11(a)、5.12(a)和 5.13(a)可知，当搅拌头旋转速度分别为 700r/min、

1000r/min、1300r/min,搅拌头前进速度分别为 100mm/min、150mm/min、200mm/min,搅拌头下压量为 0.1mm 时,各参数改性表层侧面硬度值分析如下:当搅拌头下压量为 0.1mm,搅拌头旋转速度为 700r/min,搅拌头前进速度为 150mm/min 时会获得较高的改性表层侧面硬度曲线峰值;当搅拌头旋转速度为 1300r/min,搅拌头前进速度为 100mm/min 时,所获得的改性表层侧面硬度曲线峰值最低。

从图 5.11(b)、5.12(b) 和 5.13(b) 可知,当搅拌头旋转速度分别为 700r/min、1000r/min、1300r/min,搅拌头前进速度分别为 100mm/min、150mm/min、200mm/min,搅拌头下压量为 0.2mm 时,各参数改性表层侧面硬度值分析如下:当搅拌头下压量为 0.2mm,搅拌头旋转速度为 700r/min,搅拌头前进速度为 200mm/min 时,所获得的改性表层侧面硬度曲线峰值较高;当搅拌头旋转速度为 1300r/min,搅拌头前进速度为 200mm/min 时,所获得的改性表层侧面硬度曲线峰值最低。

从图 5.11、5.12 和 5.13 可以看出,各参数改性表层侧面选点为 1mm 与 9mm 处,硬度普遍低于其他各点,这是由于该两点处于试样材料边缘,在测试该两点试样硬度时,洛氏硬度计压头直径较大,使试样发生形变,故而测得硬度值较低。在各点中,硬度值最高点均为 2mm 点。且数据显示,试样中心处的硬度明显低于试样两侧。同时将热影响区的硬度数据与母材进行对比发现,试样热影响区的硬度大多低于母材的,这说明热影响区对硬度较为敏感。

综上所述,搅拌头旋转速度为 700r/min、搅拌头前进速度为 200mm/min、搅拌头下压量为 0.2mm 时获得的改性表层及其侧面硬度均高于其他参数。

5.4 FSSP 改性铜合金表层耐磨性分析

利用兰州中科凯华科技开发有限公司生产的高温 HT-1000 型摩擦磨损实验机进行摩擦磨损实验,如图 4.17 所示。磨损杆子的加载质量为 800g,GR 磨损钢珠直径为 3mm,加载杆回转半径为 2mm,磨损转速为 560r/min,磨损时间为 5min。

5.4.1 改性铜合金表层常温下耐磨性分析

图 5.14 是搅拌头前进速度为 200mm/min,搅拌头下压量为 0.1mm,搅拌头旋转速度分别为 700r/min、1000r/min 和 1300r/min 时获得的 FSSP 改性铜合金

表层进行摩擦磨损实验得到的摩擦系数曲线图。

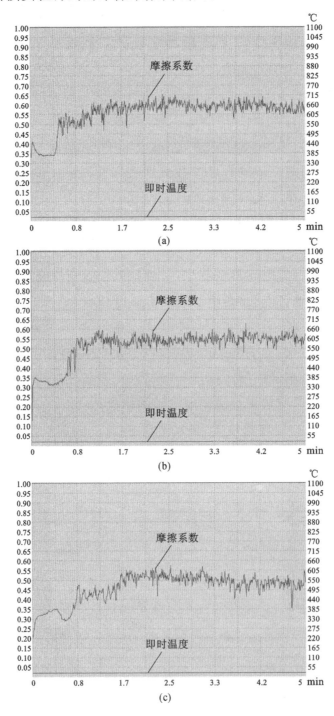

图 5.14 $v=200\text{mm}/\text{min}$,$\Delta=0.1\text{mm}$,不同搅拌头旋转速度获得的改性表层摩擦系数曲线图

(a)$\omega=700\text{r}/\text{min}$;(b)$\omega=1000\text{r}/\text{min}$;(c)$\omega=1300\text{r}/\text{min}$

从图 5.14(a)可以看出,在刚开始的二十几秒内,摩擦系数值的波动范围较小,这是由于表面改性层制备的生成,降低了摩擦系数。随着磨损进入后续阶段,0.4min作为一个转折点,摩擦系数瞬时变大。摩擦继续进行时,摩擦系数值变化范围变小,接近于母材平均摩擦系数 0.48,见图 5.16 所示。

从图 5.14(a)和(b)可以看出,随着搅拌头旋转速度的提高,FSSP 改性表层平均摩擦系数变小。

从图 5.14(a)、(b)和(c)可以看出,当搅拌头前进速度为 200mm/min,搅拌头下压量为 0.1mm,搅拌头旋转速度分别为 1300r/min 时获得的 FSSP 改性铜合金表层平均摩擦系数明显比其他两个搅拌头旋转速度获得的改性表层摩擦系数小。这说明在搅拌头前进速度和搅拌头下压量一定时,FSSP 改性铜合金表层的摩擦系数随着搅拌头旋转速度的增加而变小,改性表层的耐磨性更好。

图 5.15 是搅拌头旋转速度为 1300r/min,搅拌头下压量为 0.1mm,搅拌头前进速度分别为 100mm/min 和 150mm/min 时,FSSP 改性铜合金表层进行摩擦磨损实验获得的摩擦系数曲线图。

从图 5.15(a)可以看出,搅拌头旋转速度为 1300r/min,搅拌头下压量为 0.1mm,搅拌头前进速度为 100mm/min 时获得的改性表层平均摩擦系数为 0.53。

从图 5.15(b)可以看出,搅拌头旋转速度为 1300r/min,搅拌头下压量为 0.1mm,搅拌头前进速度为 150mm/min 时获得的改性表层平均摩擦系数为 0.5。

从图 5.15(c)可以看出,当搅拌头旋转速度为 1300r/min,搅拌头下压量为 0.1mm,搅拌头前进速度为 200mm/min 时获得的改性表层平均摩擦系数最小,为 0.43。

图 5.16 所示为铜合金母材摩擦系数曲线。

从图 5.16 可以看出在开始的几十秒的时候,摩擦系数值变化得比较大,这是因为母材没有经过加工处理,材料的表层晶粒比较大、分布不均匀。当磨损实验继续进行,摩擦系数曲线趋于平稳,平均摩擦系数为 0.48。

综合以上分析,当搅拌头旋转速度为 1300r/min、搅拌头前进速度为 200mm/min、搅拌头下压量为 0.1mm 时获得的 FSSP 改性铜合金表层耐磨性最好。这也说明,可以通过优化选择合适的 FSSP 工艺参数,提高改性铜合金表层的耐磨性。

对试样进行磨痕宽度、磨痕深度、磨损量测量,在测量过程中由于磨损表面有铜屑黏着,测量结果可能存在误差。FSSP 改性铜合金表层磨损量测量结果如表 5.4所示。

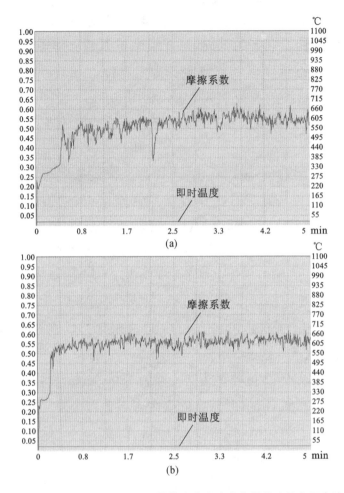

图 5.15　$\omega=1300\text{r/min}$，$\Delta=0.1\text{mm}$，不同搅拌头前进速度获得的改性表层摩擦系数曲线图

(a)$v=100\text{mm/min}$；(b)$v=150\text{mm/min}$

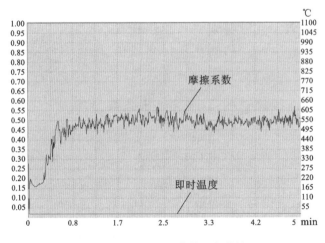

图 5.16　铜合金母材摩擦系数曲线图

表 5.4 FSSP 改性铜合金表层磨损量分析表

试样编号	工艺参数	磨痕宽度(mm)	磨痕深度(μm)	磨损量(mm^3)
1	$\omega=700$r/min, $v=200$mm/min, $\Delta=0.1$mm	0.8928	32.8	0.4201
2	$\omega=1000$r/min, $v=200$mm/min, $\Delta=0.1$mm	0.7793	39	0.4094
3	$\omega=1300$r/min, $v=200$mm/min, $\Delta=0.1$mm	0.4389	29	0.2141
4	$\omega=1300$r/min, $v=100$mm/min, $\Delta=0.1$mm	1.0866	35.5	0.5428
5	$\omega=1300$r/min, $v=150$mm/min, $\Delta=0.1$mm	0.9261	44	0.5609
6	母材	1.6545	46	0.5261

从表 5.4 可以看出,铜合金母材磨损量为 0.5261mm^3,而经过 FSSP 改性后的铜合金表层,其单位面积磨掉的体积比母材少或与母材的接近。当搅拌头旋转速度为 1300r/min、搅拌头前进速度为 200mm/min、搅拌头下压量为 0.1mm 时获得的改性表层单位面积磨损量最少。

图 5.17 是搅拌头前进速度为 200mm/min,搅拌头下压量为 0.1mm,搅拌头旋转速度分别为 700r/min 和 1000r/min 时获得的改性表层磨损试样 SEM 照片。

从图 5.17 可以看出,当搅拌头旋转速度为 700r/min,搅拌头下压量为 0.1mm,搅拌头前进速度为 200mm/min 时获得的改性表层表面磨损有很深的犁沟出现,带有少量的黏着磨损。当搅拌头旋转速度为 1000r/min,搅拌头下压量为 0.1mm,搅拌头前进速度为 200mm/min 时获得的改性表层表面没有出现犁沟,但有少量的黏着磨损。

图 5.18 是搅拌头旋转速度为 1300r/min,搅拌头下压量为 0.1mm,搅拌头前进速度分别为 100mm/min 和 200mm/min 时获得的改性表层磨损试样 SEM 照片。

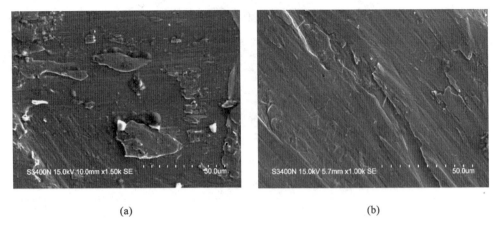

图 5.17　$v=200\mathrm{mm/min}$，$\Delta=0.1\mathrm{mm}$，不同搅拌头旋转速度获得的改性表层磨损 SEM 照片

(a)$\omega=700\mathrm{r/min}$；(b)$\omega=1000\mathrm{r/min}$

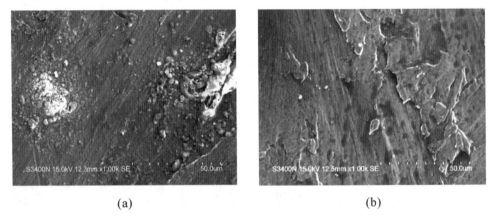

图 5.18　$\omega=1300\mathrm{r/min}$，$\Delta=0.1\mathrm{mm}$，不同搅拌头前进速度获得的改性表层磨损 SEM 照片

(a)$v=200\mathrm{mm/min}$；(b)$v=100\mathrm{mm/min}$

从图 5.18 可以看出，当搅拌头旋转速度为 1300r/min，搅拌头下压量为 0.1mm，搅拌头前进速度为 200mm/min 时获得的改性表层表面磨损形貌出现的犁沟较窄，表面相对平整，带有少量的黏着磨损说明其耐磨性较好。当搅拌头旋转速度为 1300r/min，搅拌头下压量为 0.1mm，搅拌头前进速度为 100mm/min 时获得的改性表层表面磨损形貌较为平整，带有少量的黏着磨损。

图 5.19 是搅拌头旋转速度为 1300r/min，搅拌头前进速度为 150mm/min，搅拌头下压量为 0.1mm 时获得的改性表层磨损试样 SEM 照片。

从图 5.18 和图 5.19 可以看出，当搅拌头旋转速度为 1300r/min，搅拌头下压量为 0.1mm，搅拌头前进速度为 200mm/min 时获得的改性表层表面磨损形貌较为平整，有少量的黏着磨损，耐磨性最好。

图 5.19 $\omega=1300\mathrm{r/min}, v=150\mathrm{mm/min}, \Delta=0.1\mathrm{mm}$ 时获得的改性表层磨损 SEM 照片

图 5.20 为铜合金母材磨损后 SEM 表面形貌,从图中可以看到磨损表面存在较宽的犁沟和大片的剥落层,有大的磨损颗粒脱落黏着在表面上,并伴有黏着磨损。

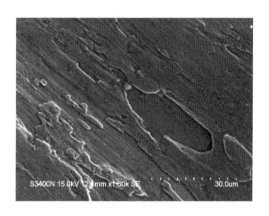

图 5.20 铜合金母材磨损 SEM 照片

通过不同工艺参数的 FSSP 改性表层耐磨性分析,发现当搅拌头旋转速度为 1300r/min,搅拌头下压量为 0.1mm,搅拌头前进速度为 200mm/min 时获得的改性表层耐磨性最好。可以通过合理选择 FSSP 工艺参数提高铜合金表层的耐磨性。

5.4.2 改性铜合金表层高温下耐磨性分析

5.4.2.1 100℃下耐磨性分析

图 5.21(a)、(b)和(c)是搅拌头前进速度为 100mm/min,搅拌头下压量为0.2mm,搅拌头旋转速度分别为 700r/min、1000r/min 和 1300r/min 时获得的 FSSP 改性铜合金表层在 100℃的摩擦系数曲线。图 5.21(d)为母材在 100℃的摩擦系数曲线。

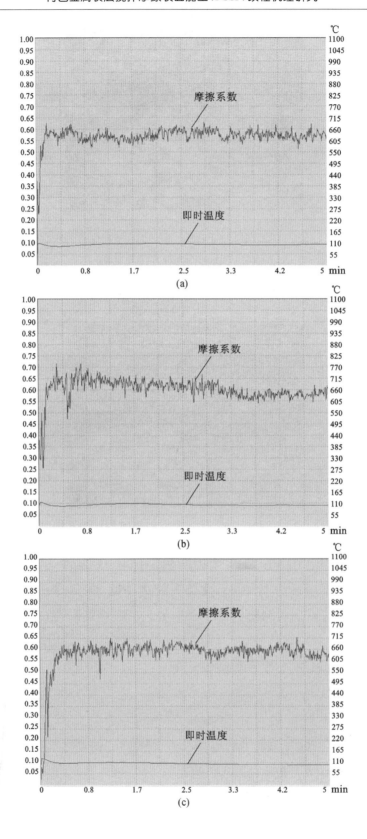

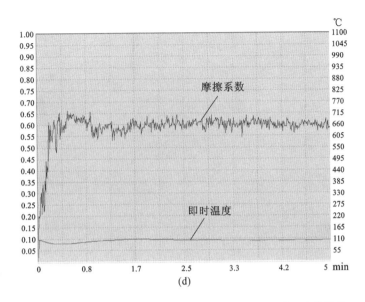

图 5.21　$v=100mm/min, \Delta=0.2mm$, 不同搅拌头旋转速度获得的

改性表层及母材在 $100℃$ 时摩擦系数曲线图

(a)$\omega=700r/min$；(b)$\omega=1000r/min$；(c)$\omega=1300r/min$；(d)母材

　　从图 5.21(a)、(b)和(c)可以看出，在摩擦初期摩擦系数普遍较低，然后逐渐增加，在经过大约 0.4min 时趋于稳定。这是因为摩擦初期铜合金在改性表层的保护作用下摩擦系数较小，随着摩擦的循环次数增加，改性表层破裂和被去除，铜合金内部直接与钢球接触，发生塑性变形和表面黏着，摩擦力因此增加，摩擦系数也随之变大，当增加到一定值时，摩擦系数趋于稳定[30]。从图 5.21(d)可以看出，母材的平均摩擦系数为 0.601。当搅拌头前进速度为 100mm/min，搅拌头下压量为 0.2mm，搅拌头旋转速度分别为 700r/min 和 1300r/min 时获得的 FSSP 改性铜合金表层在 $100℃$ 的平均摩擦系数均比母材的低，相对母材较高的是当搅拌头前进速度为 100mm/min，搅拌头下压量为 0.2mm，搅拌头旋转速度为 1000r/min 时获得的 FSSP 改性铜合金表层在 $100℃$ 的平均摩擦系数。这表明当搅拌头前进速度为 100mm/min，搅拌头下压量为 0.2mm，搅拌头旋转速度分别为 700r/min 和 1300r/min 时获得的 FSSP 改性铜合金表层在 $100℃$ 的耐磨性高于母材。通过合理选择加工参数，提高 FSSP 改性铜合金表层的耐磨性在 $100℃$ 时也能实现。

　　图 5.21(a)和图 5.22(a)、图 5.22(b)是搅拌头旋转速度为 700r/min，搅拌头下压量为 0.2mm，搅拌头前进速度分别为 100mm/min、150mm/min 和 200mm/min 时获得的改性表层在 $100℃$ 的摩擦系数曲线图。

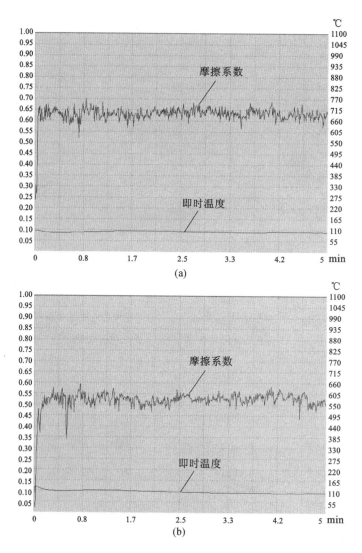

图 5.22 $\omega=700\text{r/min},\Delta=0.2\text{mm}$,不同搅拌头前进速度获得的改性表层在 $100℃$ 时摩擦系数曲线图

(a)$v=150\text{mm/min}$;(b)$v=200\text{mm/min}$

　　从图 5.21(a)、(d)和图 5.22 可以看出,当搅拌头旋转速度为 700r/min,搅拌头下压量为 0.2mm,搅拌头前进速度为 100mm/min 时获得的 FSSP 改性铜合金表层在 $100℃$ 的平均摩擦系数为 0.572;当搅拌头旋转速度为 700r/min,搅拌头下压量为 0.2mm,搅拌头前进速度为 150mm/min 时获得的 FSSP 改性铜合金表层在 $100℃$ 的平均摩擦系数为 0.629;当搅拌头旋转速度为 700r/min,搅拌头下压量为 0.2mm,搅拌头前进速度为 200mm/min 时获得的 FSSP 改性铜合金表层在 $100℃$ 的平均摩擦系数为 0.523;而母材在 $100℃$ 的平均摩擦系数为 0.601。其中,当搅拌头旋转速度为 700r/min,搅拌头下压量为 0.2mm,搅拌头前进速度分别为

100mm/min 和 200mm/min 时获得的 FSSP 改性铜合金表层在 100℃的平均摩擦系数要比母材的低。这两种工艺参数改性表层在 100℃时耐磨性好。

表 5.5 是搅拌头前进速度为 100mm/min,搅拌头下压量为 0.2mm,搅拌头旋转速度分别为 700r/min、1000r/min 和 1300r/min 时获得的 FSSP 改性铜合金表层在 100℃的磨损质量差值。表 5.6 是搅拌头旋转速度为 700r/min,搅拌头下压量为0.2mm,搅拌头前进速度分别为 100mm/min、150mm/min 和 200mm/min 时获得的 FSSP 改性铜合金表层在 100℃时的磨损质量差值。

表 5.5 不同搅拌头旋转速度下改性表层在 100℃时的磨损质量差值

编号	磨损质量差值(g)
母材	0.003
$\omega=700\text{r/min},v=100\text{mm/min},\Delta=0.2\text{mm}$	0.001
$\omega=1000\text{r/min},v=100\text{mm/min},\Delta=0.2\text{mm}$	0.005
$\omega=1300\text{r/min},v=100\text{mm/min},\Delta=0.2\text{mm}$	0.003

表 5.6 不同搅拌头前进速度下改性表层在 100℃时的磨损质量差值

编号	磨损质量差值(g)
母材	0.003
$\omega=700\text{r/min},v=100\text{mm/min},\Delta=0.2\text{mm}$	0.001
$\omega=700\text{r/min},v=150\text{mm/min},\Delta=0.2\text{mm}$	0.003
$\omega=700\text{r/min},v=200\text{mm/min},\Delta=0.2\text{mm}$	0.002

由表 5.5 可以看出,在 100℃下,当搅拌头前进速度为 100mm/min,搅拌头下压量为 0.2mm,搅拌头旋转速度为 700r/min 时获得的改性表层耐磨性高于母材;由表 5.6 可以看出,当搅拌头旋转速度为 700r/min,搅拌头下压量为 0.2mm,搅拌头前进速度为 100mm/min 和 200mm/min 时获得的改性表层耐磨性高于母材。这与前面摩擦系数分析结果一致。

图 5.23(a)、(b)和(c)是搅拌头前进速度为 100mm/min,搅拌头下压量为 0.2mm,搅拌头旋转速度分别为 700r/min、1000r/min 和 1300r/min 时获得的 FSSP 改性铜合金表层在 100℃磨损 SEM 照片。图 5.23(d)为母材在 100℃的磨损 SEM 照片。

从图 5.23(d)中可以看出,母材在 100℃高温下磨损 SEM 照片中,磨损较为剧烈,表面凹凸不平,出现犁沟现象,并伴有大量的黏着磨损和磨粒磨损。从图

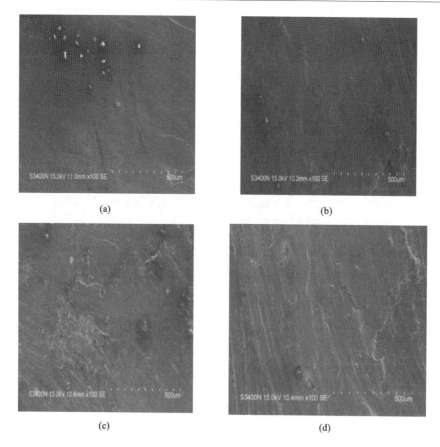

图 5.23　$v=100\text{mm/min}$，$\Delta=0.2\text{mm}$，不同搅拌头旋转速度获得的改性表层及母材在 100℃ 时磨损 SEM 照片
(a)$\omega=700\text{r/min}$；(b)$\omega=1000\text{r/min}$；(c)$\omega=1300\text{r/min}$；(d)母材

5.23可以看出，当搅拌头前进速度为 100mm/min，搅拌头下压量为 0.2mm，搅拌头旋转速度为 700r/min 时获得的 FSSP 改性铜合金表层在 100℃ 磨损形貌好于母材，改性后的表面黏着物很少，且与基体结合较好，改性后在摩擦磨损过程中出现小颗粒，且在磨痕中出现小孔，同时从磨痕的深沟状况可以看出，磨痕过程中出现犁沟，磨痕宽度很小，表面很平整，这导致摩擦系数的降低和磨损量的减少，改善了其表面性能，提高了耐磨性[31]。

　　图 5.24(a)和(b)是搅拌头旋转速度为 700r/min，搅拌头下压量为 0.2mm，搅拌头前进速度分别为 150mm/min 和 200mm/min 时获得的改性表层在 100℃ 的磨损 SEM 照片。

　　从图 5.23(a)、(d)和图 5.24 可以看出，当搅拌头旋转速度为 700r/min，搅拌头下压量为 0.2mm，搅拌头前进速度分别为 100mm/min 和 200mm/min 时获得的 FSSP 改性铜合金表层在 100℃ 时磨损表面好于母材，主要以磨粒磨损和黏着

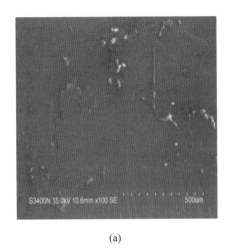 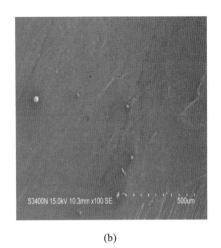

(a)   (b)

图 5.24 $\omega = 700\text{r/min}$，$\Delta = 0.2\text{mm}$，不同搅拌头前进速度获得的改性表层在 100℃时磨损 SEM 照片

(a)$v = 150\text{mm/min}$；(b)$v = 200\text{mm/min}$

磨损为主，伴有少量的犁沟磨损。

综合以上分析，当搅拌头旋转速度为 700r/min，搅拌头下压量为 0.2mm，搅拌头前进速度分别为 100mm/min 和 200mm/min 时获得的 FSSP 改性铜合金表层在 100℃时磨损主要以磨粒磨损和犁沟磨损为主，伴有少量的黏着磨损，其耐磨性优于母材，这与前面的分析结果一致。

5.4.2.2 300℃下耐磨性分析

图 5.25(a)、(b)和(c)是搅拌头前进速度为 100mm/min，搅拌头下压量为 0.2mm，搅拌头旋转速度分别为 700r/min、1000r/min 和 1300r/min 时获得的 FSSP 改性铜合金表层在 300℃的摩擦系数曲线。图 5.25(d)为母材在 300℃的摩擦系数曲线。

从图 5.25 可以看出，在 300℃下，摩擦初期时摩擦系数快速增加，很快就趋于稳定。当搅拌头前进速度为 100mm/min，搅拌头下压量为 0.2mm，搅拌头旋转速度为 700r/min 时获得的 FSSP 改性铜合金表层在 300℃的平均摩擦系数为 0.475；当搅拌头前进速度为 100mm/min，搅拌头下压量为 0.2mm，搅拌头旋转速度为 1000r/min 时获得的 FSSP 改性铜合金表层在 300℃的平均摩擦系数为 0.375；当搅拌头前进速度为 100mm/min，搅拌头下压量为 0.2mm，搅拌头旋转速度为 1300r/min 时获得的 FSSP 改性铜合金表层在 300℃的平均摩擦系数为 0.186；母材在 300℃的平均摩擦系数为 0.502。综合分析，以上三种工艺参数改性的铜合金表层在 300℃时耐磨性均比母材好。

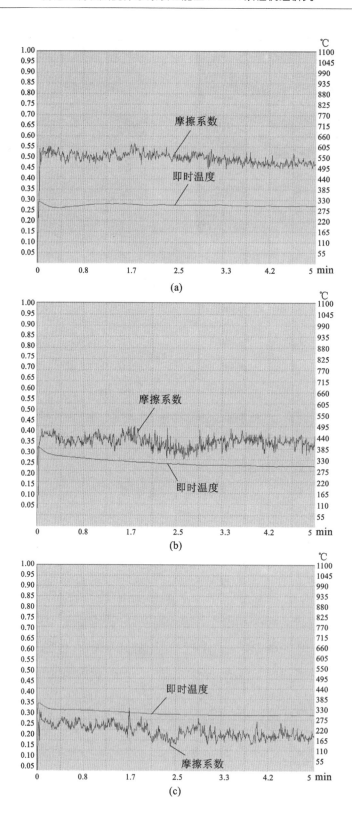

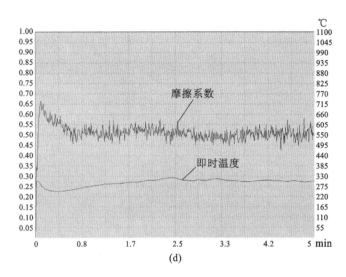

图 5.25 $v=100\text{mm/min},\Delta=0.2\text{mm},$不同搅拌头旋转速度获得的
改性表层及母材在 300℃时摩擦系数曲线图
(a)$\omega=700\text{r/min}$;(b)$\omega=1000\text{r/min}$;(c)$\omega=1300\text{r/min}$;(d)母材

　　图 5.26(a)和(b)是搅拌头旋转速度为 700r/min,搅拌头下压量为 0.2mm,搅拌头前进速度分别为 150mm/min 和 200mm/min 时,获得改性表层在 300℃的摩擦系数曲线图。

　　图 5.26 可以看出,当搅拌头旋转速度为 700r/min,搅拌头下压量为 0.2mm,搅拌头前进速度为 150mm/min 时获得的 FSSP 改性铜合金表层在 300℃的平均摩擦系数为 0.578;当搅拌头旋转速度为 700r/min,搅拌头下压量为 0.2mm,搅拌头前进速度为 200mm/min 时获得的 FSSP 改性铜合金表层在 300℃的平均摩擦系数为 0.198。综合图 5.25(a)、(d)和图 5.26 可知,当搅拌头旋转速度为 700r/min,搅拌头下压量为 0.2mm,搅拌头前进速度分别为 100mm/min 和 200mm/min 时获得的 FSSP 改性铜合金表层在 300℃的平均摩擦系数要比母材低,这两种工艺参数获得的改性表层在 300℃时耐磨性好。

　　表 5.7 是搅拌头前进速度为 100mm/min,搅拌头下压量为 0.2mm,搅拌头旋转速度分别为 700r/min、1000r/min 和 1300r/min 时获得的 FSSP 改性铜合金表层在 300℃的磨损质量差值。表 5.8 是搅拌头旋转速度为 700r/min,搅拌头下压量为0.2mm,搅拌头前进速度分别为 100mm/min、150mm/min 和 200mm/min 时获得的 FSSP 改性铜合金表层在 300℃的磨损质量差值。

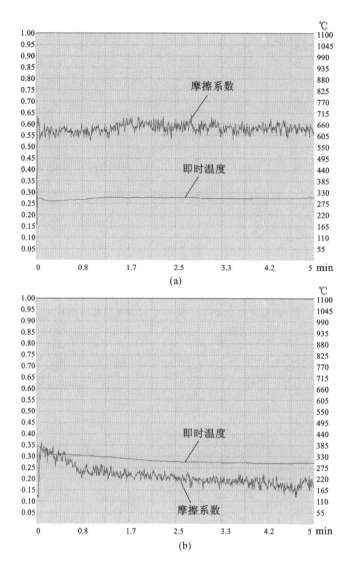

图 5.26　$\omega=700\text{r/min},\Delta=0.2\text{mm}$，不同搅拌头前进速度获得的

改性表层在 300℃时摩擦系数曲线图

（a）$v=150\text{mm/min}$；（b）$v=200\text{mm/min}$

表 5.7　不同搅拌头旋转速度下改性表层在 300℃时磨损质量差值

编号	磨损质量差值（g）
母材	0.005
$\omega=700\text{r/min},v=100\text{mm/min},\Delta=0.2\text{mm}$	0.003
$\omega=1000\text{r/min},v=100\text{mm/min},\Delta=0.2\text{mm}$	0.003
$\omega=1300\text{r/min},v=100\text{mm/min},\Delta=0.2\text{mm}$	0.004

表 5.8　不同搅拌头前进速度下改性表层在 300℃时磨损质量差值

编号	磨损质量差值(g)
母材	0.005
$\omega=700\text{r/min},v=100\text{mm/min},\Delta=0.2\text{mm}$	0.003
$\omega=700\text{r/min},v=150\text{mm/min},\Delta=0.2\text{mm}$	0.005
$\omega=700\text{r/min},v=200\text{mm/min},\Delta=0.2\text{mm}$	0.003

由表 5.7 可以看出,在 300℃下,当搅拌头前进速度为 100mm/min,搅拌头下压量为 0.2mm,搅拌头旋转速度分别为 700r/min、1000r/min 和 1300r/min 时获得的改性表层耐磨性均高于母材;由表 5.8 可以看出,在 300℃下,当搅拌头旋转速度为 700r/min,搅拌头下压量为 0.2mm,搅拌头前进速度分别为 100mm/min 和 200mm/min 时获得的改性表层耐磨性高于母材。这与前面摩擦系数分析结果一致。

图 5.27(a)、(b)和(c)是搅拌头前进速度为 100mm/min,搅拌头下压量为 0.2mm,搅拌头旋转速度分别为 700r/min、1000r/min 和 1300r/min 时获得的 FSSP 改性铜合金表层在 300℃的磨损 SEM 照片。图 5.27(d)为母材在 300℃的磨损 SEM 照片。

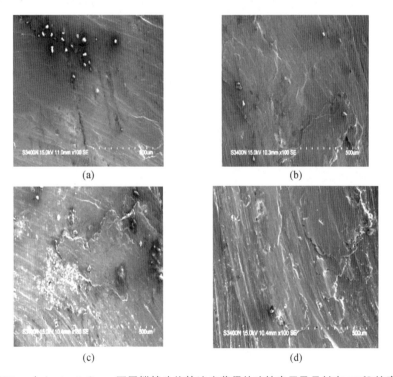

(a)　　　　　　　　　　　　　(b)

(c)　　　　　　　　　　　　　(d)

图 5.27　$v=100\text{mm/min},\Delta=0.2\text{mm}$,不同搅拌头旋转速度获得的改性表层及母材在 300℃的磨损 SEM 照片
(a)$\omega=700\text{r/min}$;(b)$\omega=1000\text{r/min}$;(c)$\omega=1300\text{r/min}$;(d)母材

从图 5.27(d)中可以看出,母材在 300℃高温下磨损 SEM 照片中,磨损剧烈,磨料堆积严重,主要磨损形式为黏着磨损和磨粒磨损,伴有少量的犁沟磨损;从图 5.27(a)、(b)和(c)可以看出,不同工艺参数下 FSSP 改性表层表面黏着物很少,在磨损过程中主要以磨粒磨损和犁沟磨损为主,伴有少量的黏着磨损。从图 5.27 可以看出,当搅拌头前进速度为 100mm/min,搅拌头下压量为 0.2mm,搅拌头旋转速度分别为 700r/min、1000r/min 和 1300r/min 时获得的 FSSP 改性铜合金表层在 300℃的磨损形貌均好于母材,且随着搅拌头旋转速度的增加,磨损形貌趋好,磨损性能也趋好。

图 5.27(a)和图 5.28(a)、(b)是搅拌头旋转速度为 700r/min,搅拌头下压量为 0.2mm,搅拌头前进速度分别为 100mm/min、150mm/min 和 200mm/min 时获得的改性表层在 300℃的磨损 SEM 照片。

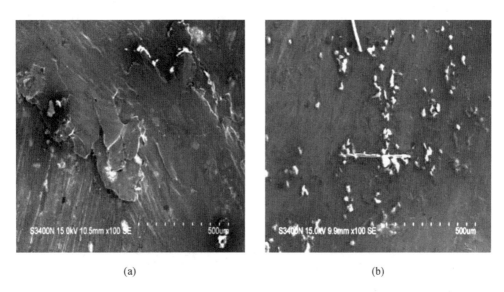

(a)   (b)

图 5.28　$\omega=700\text{r/min},\Delta=0.2\text{mm}$,不同搅拌头前进速度获得的改性表层在 300℃的磨损 SEM 照片
(a)$v=150\text{mm/min}$;(b)$v=200\text{mm/min}$

从图 5.27(a)、(d)和图 5.28 可以看出,当搅拌头旋转速度为 700r/min,搅拌头下压量为 0.2mm,搅拌头前进速度分别为 100mm/min 和 200mm/min 时获得的 FSSP 改性铜合金表层在 300℃时磨损表面好于母材,主要以磨粒磨损和犁沟磨损为主,伴有少量的黏着磨损。

综上分析,在 300℃时,当搅拌头旋转速度为 700r/min,搅拌头下压量为 0.2mm,搅拌头前进速度分别为 100mm/min 和 200mm/min 时获得的 FSSP 改性铜合金表层以及当搅拌头前进速度为 100mm/mim,搅拌头下压量为 0.2mm,搅拌头旋转速度分别为 1000r/min 和 1300r/min 时获得的 FSSP 改性铜合金表层磨损均比母材好。FSSP 改性铜合金表层磨损以磨粒磨损和犁沟磨损为主,伴有少量的黏着磨损。FSSP 改善了铜合金的表面性能,同时,也提高了其耐磨性。

5.5　FSSP 改性铜合金表层耐腐蚀性分析

5.5.1　改性铜合金表层盐雾耐腐蚀性能分析

盐雾腐蚀具体过程见 4.6.1 节。本节 FSSP 改性铜合金表层进行盐雾腐蚀时间为 24h。

图 5.29 是搅拌头旋转速度为 1000r/min,搅拌头前进速度为 200mm/min,搅拌头下压量分别为 0.1mm 和 0.2mm 时获得的 FSSP 改性表层盐雾腐蚀 SEM 照片。图 5.30 所示为铜合金母材盐雾腐蚀 SEM 照片。

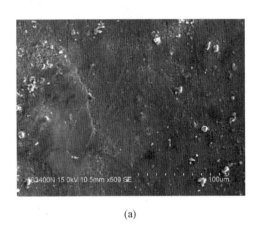
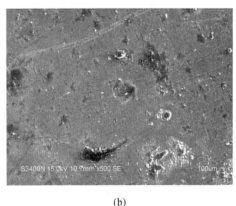

(a)　　　　　　　　　　　　　　　(b)

图 5.29　$\omega=1000r/min,v=200mm/min$,不同搅拌头下压量获得的改性表层盐雾腐蚀 SEM 照片

(a)$\Delta=0.1mm$;(b)$\Delta=0.2mm$

从图 5.29 和图 5.30 可以看出,当搅拌头旋转速度为 1000r/min,搅拌头前进速度为 200mm/min,搅拌头下压量分别为 0.1mm 和 0.2mm 时获得的改性表层的耐腐蚀性均比母材好,特别是下压量为 0.2mm 时获得的改性表层的耐腐蚀性更好。

图 5.31 是搅拌头旋转速度为 1000r/min,搅拌头下压量为 0.2mm,搅拌头前

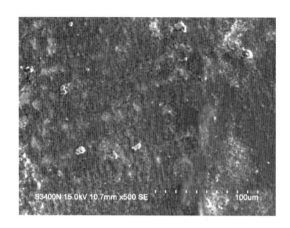

图 5.30　铜合金母材盐雾腐蚀 SEM 照片

进速度分别为 100mm/min、150mm/min 和 200mm/min 时获得的改性表层盐雾腐蚀 SEM 照片。

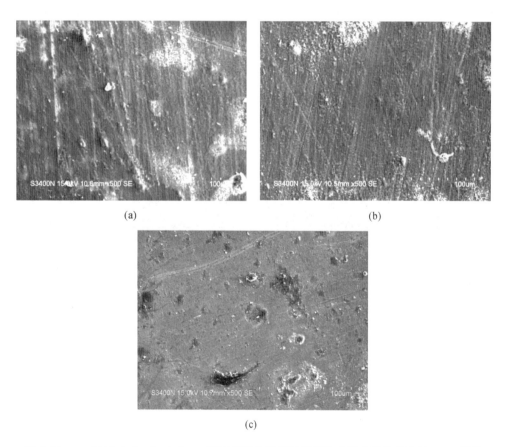

图 5.31　$\omega=1000$r/min，$\Delta=0.2$mm，不同搅拌头下压量获得的改性表层盐雾腐蚀 SEM 照片

(a)$v=100$mm/min；(b)$v=150$mm/min；(c)$v=200$mm/min

从图 5.31 和图 5.30 可以看出,搅拌头旋转速度为 1000r/min,搅拌头下压量为 0.2mm,搅拌头前进速度分别为 100mm/min、150mm/min 和 200mm/min 时获得的改性表层耐腐蚀性均比母材好,其中最好的是搅拌头前进速度为 200mm/min 时获得的改性表层,其次是搅拌头前进速度为 150mm/min 时获得的改性表层,相比较差的是搅拌头前进速度为 100mm/min 时获得的改性表层。

图 5.32 是搅拌头前进速度为 200mm/min,搅拌头下压量为 0.1mm,搅拌头旋转速度分别为 700r/min、1000r/min 和 1300r/min 时获得的 FSSP 改性表层盐雾腐蚀 SEM 照片。

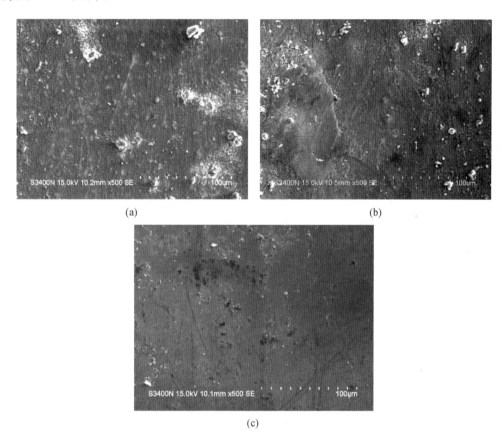

图 5.32 $v=200$mm/min,$\Delta=0.1$mm,不同搅拌头旋转速度获得的改性表层盐雾腐蚀 SEM 照片
(a)$\omega=700$r/min;(b)$\omega=1000$r/min;(c)$\omega=1300$r/min

从图 5.32 和图 5.30 可以看出,搅拌头前进速度为 200mm/min,搅拌头下压量为 0.1mm,搅拌头旋转速度分别为 700r/min、1000r/min 和 1300r/min 时获得的改性表层耐腐蚀性均比母材好,其中最好的是搅拌头旋转速度为 1300r/min 时获得的改性表层,其次是搅拌头旋转速度为 1000r/min 时获得的 FSSP 改性表层,

相比较差的是搅拌头旋转速度为700r/min时获得的改性表层。

5.5.2　改性铜合金表层电化学耐腐蚀性能分析

图5.33是搅拌头前进速度为150mm/min,搅拌头下压量为0.1mm,搅拌头旋转速度分别为700r/min、1000r/min和1300r/min时获得的FSSP改性表层电化学腐蚀极化曲线图。

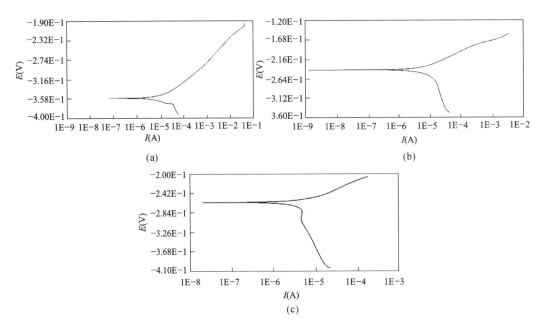

图5.33　$v=150$mm/min,$\Delta=0.1$mm,**不同搅拌头旋转速度获得的改性表层电化学腐蚀极化曲线图**

(a)$\omega=700$r/min;(b)$\omega=1000$r/min;(c)$\omega=1300$r/min

图5.34是搅拌头前进速度为150mm/min,搅拌头下压量为0.2mm,搅拌头旋转速度分别为700r/min、1000r/min和1300r/min时获得的FSSP改性表层电化学腐蚀极化曲线图。图5.35是铜合金母材电化学腐蚀极化曲线图。

从图5.33可以看出,当搅拌头前进速度为150mm/min,搅拌头下压量为0.1mm,搅拌头旋转速度为1300r/min时获得的FSSP改性表层电化学腐蚀电压最大,其次是搅拌头旋转速度为1000r/min获得的改性表层,最小的是搅拌头旋转速度为700r/min获得的改性表层;当搅拌头前进速度为150mm/min,搅拌头下压量为0.1mm,搅拌头旋转速度为1300r/min时获得的FSSP改性表层电化学腐蚀电流最小,其次是搅拌头旋转速度为1000r/min获得的改性表层,最大的是搅

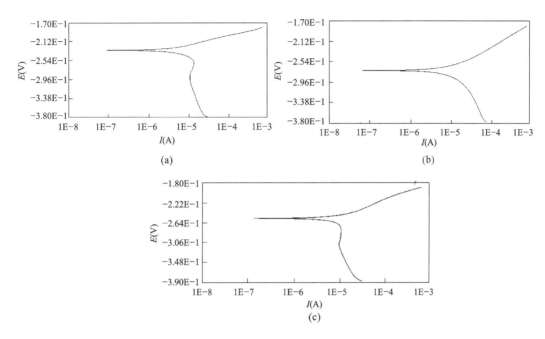

图 5.34 $v=150\text{mm/min}, \Delta=0.2\text{mm}$,不同搅拌头旋转速度获得的改性表层电化学腐蚀极化曲线图

(a)$\omega=700\text{r/min}$;(b)$\omega=1000\text{r/min}$;(c)$\omega=1300\text{r/min}$

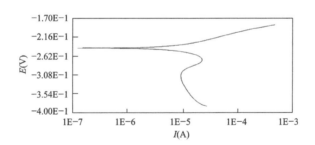

图 5.35 铜合金母材电化学腐蚀极化曲线图

拌头旋转速度为 700r/min 获得的改性表层。从图 5.33 和图 5.34 可以看出,在搅拌头旋转速度和搅拌头前进速度一定时,搅拌头下压量为 0.2mm 获得的改性层电化学腐蚀电压明显高于搅拌头下压量为 0.1mm 的改性表层的;在搅拌头旋转速度和搅拌头前进速度一定时,搅拌头下压量为 0.2mm 获得的改性层电化学腐蚀电流明显低于搅拌头下压量为 0.1mm 的改性表层的。从图 5.33、图 5.34 和图 5.35 相比可知,FSSP 改性表层比母材耐腐蚀。当搅拌头前进速度不变,搅拌头旋转速度和搅拌头下压量越大时,其耐腐蚀性越好。综上分析,当搅拌头旋转速度为 1300r/min,搅拌头前进速度为 150mm/min,搅拌头下压量为 0.2mm 时获得的改性表层耐腐蚀性最好。

图 5.36 是搅拌头前进速度为 150mm/min，搅拌头下压量为 0.1mm，搅拌头旋转速度分别为 700r/min、1000r/min 和 1300r/min 时获得的改性表层电化学腐蚀 SEM 照片。

图 5.36　$v=150$mm/min，$\Delta=0.1$mm，**不同搅拌头旋转速度获得的改性表层电化学腐蚀 SEM 照片**
(a)$\omega=700$r/min；(b)$\omega=1000$r/min；(c)$\omega=1300$r/min

图 5.37 是搅拌头前进速度为 150mm/min，搅拌头下压量为 0.2mm，搅拌头旋转速度分别为 700r/min、1000r/min 和 1300r/min 时获得的改性表层电化学腐蚀 SEM 照片。

图 5.38 是铜合金母材电化学腐蚀 SEM 照片。

从图 5.36 可以看出，搅拌头旋转速度为 1300r/min，搅拌头前进速度为 150mm/min，搅拌头下压量为 0.1mm 时获得的改性表层耐腐蚀性最好。对比图 5.38可知，图 5.36 中其他参数获得改性表层的耐腐蚀性均比母材好。图 5.36 (a)中腐蚀比较严重，5.36(b)中发生了点蚀，图 5.36(c)中腐蚀较少。对比图 5.36 (a)与图 5.37(a)，图 5.36(c)与图 5.37(c)发现，当搅拌头旋转速度和搅拌头前进速度一定时，搅拌头下压量的增加会促使改性表层的耐腐蚀性能提高。

图 5.39 是搅拌头旋转速度为 1300r/min，搅拌头下压量为 0.1mm，搅拌头前进速度分别为 100mm/min 和 200mm/min 时获得的改性表层电化学腐蚀极化曲线图。

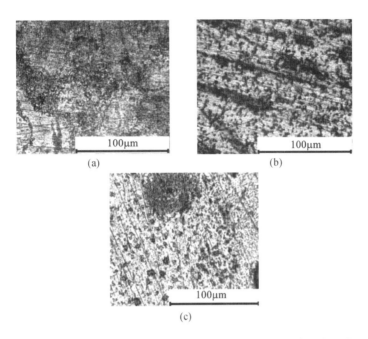

图 5.37 v＝150mm/min,Δ＝0.2mm,不同搅拌头旋转速度获得的改性表层电化学腐蚀 SEM 照片

(a)ω＝700r/min;(b)ω＝1000r/min;(c)ω＝1300r/min

图 5.38 铜合金母材电化学腐蚀 SEM 照片

图 5.40 是搅拌头旋转速度为 1300r/min,搅拌头下压量为 0.2mm,搅拌头前进速度分别为 100mm/min 和 200mm/min 时获得的改性表层电化学腐蚀极化曲线图。

从图 5.39 可知,当搅拌头旋转速度为 1300r/min,搅拌头下压量为 0.1mm时,搅拌头前进速度为 200mm/min 时获得的改性表层电化学腐蚀电压大电流小;搅拌头前进速度为 100mm/min 时获得的改性表层电化学腐蚀电流大电压小。

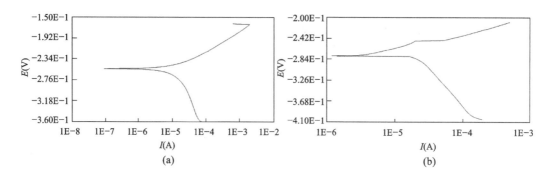

图5.39　$\omega=1300r/min$，$\Delta=0.1mm$，不同搅拌头前进速度获得的改性表层电化学腐蚀极化曲线图

(a)$v=100mm/min$；(b)$v=200mm/min$

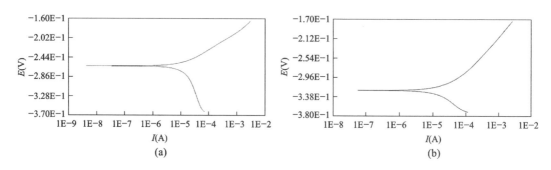

图5.40　$\omega=1300r/min$，$\Delta=0.2mm$，不同搅拌头前进速度获得的改性表层电化学腐蚀极化曲线图

(a)$v=100mm/min$；(b)$v=200mm/min$

从图5.40可知，当搅拌头旋转速度为1300r/min，搅拌头下压量为0.2mm时，搅拌头前进速度为200mm/min时获得的改性表层电化学腐蚀电压大电流小；搅拌头前进速度为100mm/min时获得的改性表层电化学腐蚀电流大电压小。

综合图5.33(a)、图5.34(c)、图5.39和图5.40可知，搅拌头旋转速度为1300r/min，搅拌头下压量为0.1mm或0.2mm时，搅拌头前进速度为200mm/min时获得的改性表层耐腐蚀性最好；搅拌头前进速度为100mm/min时获得的改性表层耐腐蚀性最差(搅拌头前进速度为150mm/min时获得的改性表层耐腐蚀性居中)，但均比母材耐腐蚀性好。

图5.41是搅拌头旋转速度为1300r/min，搅拌头下压量为0.1mm，搅拌头前进速度分别为100mm/min和200mm/min时获得的改性表层电化学腐蚀SEM照片。

图5.42是搅拌头旋转速度为1300r/min，搅拌头下压量为0.2mm，搅拌头前进速度分别为100mm/min和200mm/min时获得的改性表层电化学腐蚀SEM照片。

从图5.41和图5.36(c)可知，当搅拌头旋转速度为1300r/min，搅拌头下压量

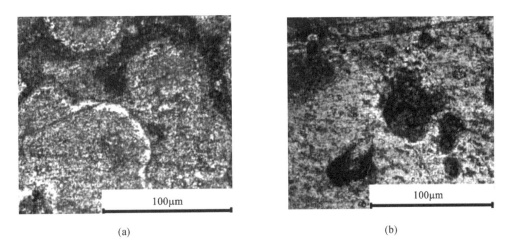

(a)   (b)

图 5.41 $\omega=1300\text{r/min},\Delta=0.1\text{mm}$,不同搅拌头前进速度获得的改性表层电化学腐蚀 SEM 照片

(a)$v=100\text{mm/min}$;(b)$v=200\text{mm/min}$

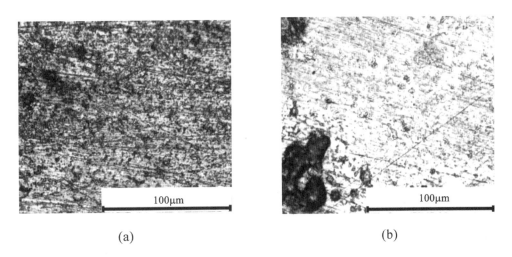

(a)   (b)

图 5.42 $\omega=1300\text{r/min},\Delta=0.2\text{mm}$,不同搅拌头前进速度获得的改性表层电化学腐蚀 SEM 照片

(a)$v=100\text{mm/min}$;(b)$v=200\text{mm/min}$

为 0.1mm,搅拌头前进速度为 200mm/min 时获得的改性表层耐腐蚀性最好,耐腐蚀性最差的是搅拌头前进速度为 100mm/min 时获得的改性表层(搅拌头前进速度为 150mm/min 时获得的改性表层耐腐蚀性居中)。

从图 5.42 和图 5.37(c)可知,当搅拌头旋转速度为 1300r/min,搅拌头下压量为 0.2mm,搅拌头前进速度为 200mm/min 时获得的改性表层耐腐蚀性最好,耐腐蚀性最差的是搅拌头前进速度为 100mm/min 时获得的改性表层(搅拌头前进速度为 150mm/min 时获得的改性表层耐腐蚀性居中)。

以上分析结果与前面电化学腐蚀极化曲线图分析基本一致。

5.6　小　　结

本章针对 H62 铜合金进行 FSSP 改性,对改性层金相组织进行分析,发现 FSSP 改性表层的晶粒得到明显细化,相对母材来说细化了几十倍甚至上百倍; FSSP 改性铜合金表层过程中,搅拌头旋转速度越小,搅拌头前进速度越大,搅拌头下压量越深,其改性表层的晶粒细化越明显。由于改性层的晶粒得到细化,改性表层的硬度得到提高;但 FSSP 会降低改性铜合金表层的热影响区硬度。

研究 FSSP 工艺参数对改性表层的硬度影响规律:当搅拌头旋转速度为 700r/min,搅拌头前进速度为 200mm/min,搅拌头下压量为 0.2mm 时获得的改性层硬度最高。

研究 FSSP 工艺参数对改性表层的耐磨性影响规律:常温下,当搅拌头旋转速度为 1300r/min,搅拌头下压量为 0.1mm,搅拌头前进速度为 200mm/min 时,获得的改性表层耐磨性最好,此时获得改性表层表面较为平整,有少量的黏着磨损。在 100℃和 300℃高温下,铜合金母材晶粒粗大,分布不均匀,摩擦时产生严重塑性变形和犁沟,并伴有黏着磨损;FSSP 改性铜合金表层晶粒得到细化,耐磨性能提高。在 100℃时,搅拌头旋转速度为 700r/min,搅拌头前进速度为 200mm/min,搅拌头下压量为 0.2mm 时获得的改性表层耐磨性最好;在 300℃高温时,搅拌头旋转速度为 1300r/min,搅拌头前进速度为 100mm/min,搅拌头下压量为 0.2mm 时获得的改性表层耐磨性最好。FSSP 改性铜合金表层在高温下主要磨损形式为磨粒磨损和犁沟磨损,并伴有少量的黏着磨损,但随着温度的升高,犁沟磨损减少,黏着磨损增加。

研究 FSSP 工艺参数对改性表层的耐腐蚀性影响规律:FSSP 改性铜合金表层耐腐蚀性得到提高,当搅拌头旋转速度为 1300r/min,搅拌头前进速度为 200mm/min,搅拌头下压量为 0.2mm 时获得的改性表层的耐腐蚀性最好;当搅拌头旋转速度为 700r/min,搅拌头前进速度为 100mm/min,搅拌头下压量为 0.1mm 时获得的改性表层的耐腐蚀性比母材略微有所提高;当搅拌头旋转速度为 1000r/min,搅拌头前进速度为 150mm/min,搅拌头下压量为 0.2mm 时获得的改性表层的耐腐蚀性良好。总体来说,随着搅拌头旋转速度、搅拌头前进速度、搅拌头下压量的提高,FSSP 改性铜合金表层的耐腐蚀性也有所提高。即当搅拌头前进速度和搅拌头下压量一定,FSSP 改性铜合金表层的耐腐蚀性将随搅拌头旋转速度的增加而提高;当搅拌头旋转速度和搅拌头下压量一定时,FSSP 改性铜合金表层的耐腐蚀性将随搅拌头前进速度的增加而提高;当搅拌头旋转速度和搅拌头前进速度一定时,FSSP 改性铜合金表层的耐腐蚀性将随搅拌头下压量的增加而提高。

6 FSSP 植入 SiC 纳米颗粒改性 H62 铜合金表层性能

本章通过对 H62 铜合金进行 FSSP,研究了铜合金表面的微观组织变化以及改性机理,掌握了铜合金 FSSP 的基本工艺方法。具体方法为:先在铜合金表面合理设计布置小孔,在小孔中塞入 SiC 纳米颗粒(40nm),并对小孔中的 SiC 纳米颗粒进行挤压,保证小孔中的 SiC 纳米颗粒已经被压实压平,然后用石蜡封住孔口,最后再利用已经掌握的 FSSP 工艺方法对塞有 SiC 纳米颗粒的铜合金表面进行改性,并分析了改性层的金相组织和力学性能及搅拌区域的 SiC 纳米颗粒分布情况。

6.1 植入 SiC 纳米颗粒改性 H62 铜合金表层宏/微观组织结构

6.1.1 改性层的宏观结构分析

图 6.1 所示为一定的 FSSP 工艺参数下(旋转速度 $\omega = 1200 \text{r/min}$,连接速度 $v = 150 \text{mm/min}$)获得的植入 SiC 纳米颗粒改性 H62 铜合金表面改性层(以下简称 SiC/H62 铜合金表面改性层)宏观结构。

为了获得 SiC/H62 铜合金表面改性层,本研究先在铜合金表面钻孔,孔的深度为 0.3mm,直径为 1.5mm,孔与孔之间的距离为 3mm。通过专门制作的工具将 SiC 纳米颗粒挤压到小孔中,保证孔中的 SiC 颗粒被压实压平,然后表面用石蜡封装好,装夹到夹具上再进行 FSSP。图 6.1(a)中主要是将无针搅拌头一次性下压到工件表面 0.2mm 进行 FSSP,获得 SiC/H62 铜合金表面改性层。图 6.1(b)中是分两次进行 FSSP,无针搅拌头第一次下压量为 0.15mm,第二次下压量为

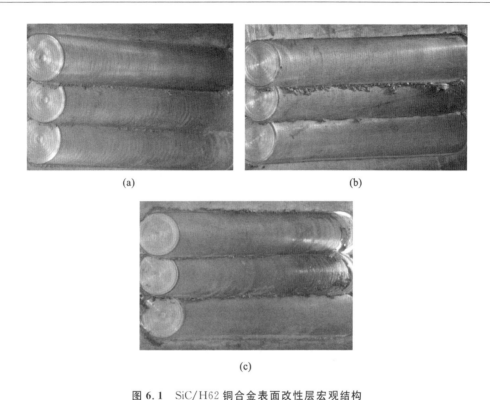

图 6.1 SiC/H62 铜合金表面改性层宏观结构

(a)一次性 FSSP $\Delta=0.2$mm;(b)同方向两次 FSSP $\Delta_1=0.15$mm,$\Delta_2=0.05$mm;

(c)反方向两次 FSSP $\Delta_顺=0.15$mm,$\Delta_反=0.05$mm

0.05mm,这两次 FSSP 顺序一样,即第一次 FSSP 结束,回到原点进行第二次 FSSP,获得 SiC/H62 铜合金表面改性层;图 6.1(c)中也是分两次进行 FSSP,每次下压量同图 6.1(b)一样,只是在进行 FSSP 过程中顺序相反,即第一次 FSSP 结束不需要回到原点,第二次 FSSP 以第一次结束点为原点,向原先反方向进行加工,获得 SiC/H62 铜合金表面改性层。从图 6.1 还可以看出,不论是一次性直接进行的 FSSP,还是采用两次不同顺序进行的 FSSP,其获得的 SiC/H62 铜合金表面改性层均比较光亮整洁,无孔洞,无缺陷,整个改性过程中形成的飞边较少,这也充分说明 FSSP 制备 SiC/H62 铜合金表面改性层的损失量较少,绝大多数材料均被挤压到母材内部,这有效保证了铜合金表面改性层的性能。

6.1.2 改性层的微观组织结构分析

图 6.2 给出了不同参数下的 SiC/H62 铜合金表面改性层的金相组织。从图 6.2(a)可以看出,在改性层表面有许多的孔洞,且晶粒大小不均匀,这说明一

次性 FSSP 改性 SiC/H62 铜合金表面还是存在一定的缺陷的;图 6.2(b)可以看出晶粒大小和分布基本均匀,但没有图 6.2(c)中的晶粒大小分布均匀。从理论上讲,不论采用哪种工艺参数获得的 SiC/H62 铜合金表面改性层的晶粒均为等轴晶,且晶粒大小基本相同,但是从图 6.2(b)和(c)可以看出,不论两次加工的顺序如何,其获得的晶粒均被拉长。这是因为在 FSSP 改性过程中,虽然在温度升高的情况下,出现了再结晶,但是在再结晶过程中由于受到母材、搅拌头的轴肩挤压作用,使处在高温下的晶粒被压长压扁。图 6.2(b)中晶粒被两次同方向挤压,故出现图中晶粒被拉长但不均匀的现象,图 6.2(c)中晶粒由于受到两次不同方向的挤压,部分被拉长的晶粒又被反作用力给挤压回来,因此,晶粒变得均匀细长。

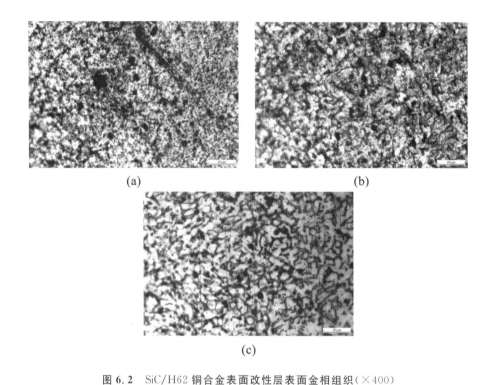

(a)　　　　　　　　　　　(b)

(c)

图 6.2　SiC/H62 铜合金表面改性层表面金相组织(×400)

(a)一次性 FSSP $\Delta=0.2\text{mm}$;(b)同方向两次 FSSP $\Delta_1=0.15\text{mm}$,$\Delta_2=0.05\text{mm}$;

(c)反方向两次 FSSP $\Delta_{顺}=0.15\text{mm}$,$\Delta_{反}=0.05\text{mm}$

图 6.3 所示为不同工艺参数下获得的 SiC/H62 铜合金表面改性层侧面金相组织。从图中可以看出,图 6.3(a)中的晶粒要比图 6.3(b)中的小,这是因为一次性 FSSP 导致板材温度急剧升高促使晶粒快速发生再结晶,所以晶粒相对较小、较均匀;而图 6.3(b)中因为晶粒刚开始阶段获得的温度相对一次性的低,

故部分晶粒可能被再结晶,然后再一次顺序挤压,促使在上表面的部分晶粒细化而下表面没有细化,故出现的晶粒要比 6.3(a)的大且不均匀。图 6.3(c)中虽然第一次 FSSP 过程造成的晶粒细化还不完全,但在第二次反方向的 FSSP,使得第一次未细化的晶粒再次受反作用力作用,导致晶粒被二次细化,故其比图 6.3(a)和(b)的晶粒均细小均匀。

(a)   (b)

(c)

图 6.3 SiC/H62 铜合金表面改性层侧面金相组织(×200)

(a)一次性 FSSP $\Delta=0.2mm$;(b)同方向两次 FSSP $\Delta_1=0.15mm$,$\Delta_2=0.05mm$;

(c)反方向两次 FSSP $\Delta_顺=0.15mm$,$\Delta_反=0.05mm$

图 6.4 所示为不同工艺参数下获得的 SiC/H62 铜合金表面改性层侧面边界金相组织。从图 6.4(a)可以看出,一次性 FSSP 改性的边界晶粒变化较小,故获得的性能也就相对较差;图 6.4(b)中可以看出,在改性层一边的晶粒较小,而靠近母材一边的晶粒较大,这与铜合金搅拌摩擦连接(Friction Stir Joining,简称 FSJ)截面基本相同;图 6.4(c)靠近改性层的晶粒很细小且分布均匀,而靠近母材部分的晶粒相对其他两个也是较小的,这说明 FSSP 的顺序对改性层及周边晶粒的形成会有一定的影响。

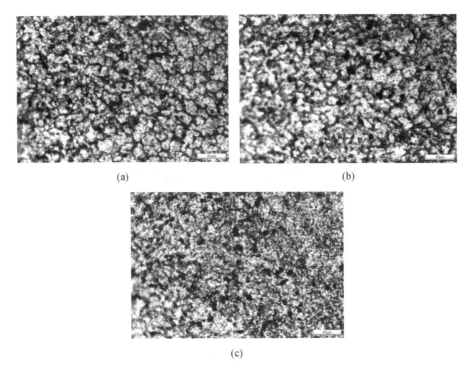

图 6.4   SiC/H62 铜合金表面改性层侧面边界金相组织(×200)

(a)一次性 FSSP $\Delta=0.2$mm；(b)同方向两次 FSSP $\Delta_1=0.15$mm，$\Delta_2=0.05$mm；

(c)反方向两次 FSSP $\Delta_顺=0.15$mm，$\Delta_反=0.05$mm

6.2   SiC 改性材料性能分析

6.2.1   硬度分析

图 6.5 所示为不同工艺参数下获得的 SiC/H62 铜合金表面改性层的各点硬度值。图 6.5(a)中，在改性层中间位置，属同方向两次 FSSP 改性层表面硬度最高，其次是反方向两次的 FSSP 改性层，最后是一次性 FSSP 改性层。同方向两次 FSSP 改性层的平均硬度值为 68.9HRC，反方向两次的 FSSP 改性层平均硬度值为 67.04HRC，一次性 FSSP 改性层的平均硬度值为 64.5HRC。H62 铜合金母材的硬度值为 48.36HRC。所以从上述数值可以看出，FSSP 获得的 SiC/H62 铜合金表面改性层表面的硬度均得到提高，其中同方向两次的改性层硬度比铜合金母

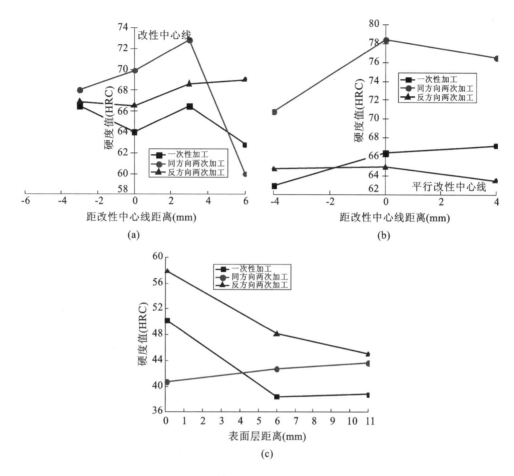

图 6.5 改性层不同位置的硬度分布值

(a)改性层表面垂直于改性中心线;(b)改性层表面平行于改性中心线;(c)改性层截面距离改性层表面

材提高了 42.5%,反方向两次的改性层硬度比铜合金母材提高了 38.6%,一次性改性层的硬度比铜合金母材提高了 32.9%。上述不同工艺方法获得的 SiC/H62 铜合金表面改性层的硬度值同前面图 6.2 分析各改性层表面金相组织相一致,图 6.2(b)中金相组织虽没有图 6.3(c)中均匀,但是其晶粒始终朝一个方向挤压,造成局部的晶粒破碎细化程度严重,反过来要比图 6.3(c)中晶粒数多,故同方向两次 FSSP 改性层的硬度最高。

图 6.5(b)是沿着改性层表面中心线测试的硬度值,其中同方向两次 FSSP 改性层的平均硬度值为 75.23HRC,反方向两次 FSSP 改性层的平均硬度值为 64.37HRC,一次性 FSSP 改性层的平均硬度值为 65.5HRC。它们均比铜合金母材的硬度值高,只是反方向两次 FSSP 改性层获得的平均硬度值还要低于一次性 FSSP 改性层获得的平均硬度值,这可能是由于一次性 FSSP 过程中直接下压 0.2mm 造

成中心位置的塑性变形增大，而反方向两次 FSSP 使得中心位置的金属出现反弹，可能造成中心部位的金属疏松，故出现一次性改性层在改性层中间位置的硬度平均值高于两次反方向改性层的中间位置。

图 6.5(c) 为截面上垂直中心线的硬度分布值。从图中可以看出，反方向两次 FSSP 获得的改性层的截面上距离表面 0.1mm 的硬度值最高，为 57.8HRC；同方向两次 FSSP 获得的改性层的截面上距离表面 0.1mm 的硬度值较低，仅为 40.7 HRC。从图中还可以看出，反方向两次 FSSP 获得改性层截面的硬度值随着离表面距离越来越远，其值越来越小，一次性 FSSP 改性层也是这样，而同方向两次 FSSP 改性层的截面硬度值却随离表面距离越来越远，其值越来越大。这与前面图 4.3 截面金相组织的分析相一致。在改性层截面，同方向两次 FSSP 改性层的平均硬度值为 42.37HRC，反方向两次 FSSP 改性层的平均硬度值为 50.3HRC，一次性 FSSP 改性层平均硬度值为 42.47HRC。因此，在改性层截面，同方向两次 FSSP 改性层平均硬度值比铜合金母材的小 12.4%，反方向两次 FSSP 改性层平均硬度值比铜合金母材的大 4.01%，一次性 FSSP 改性层平均硬度值比铜合金母材的小 12.18%。

从图 6.5 可以看出，FSSP 对铜合金表面的改性层硬度影响较大，而对改性层截面的硬度影响较小，甚至有降低的趋势，只是降低的数值较小，仅比母材硬度值小 12.18% 左右。因此，FSSP 有利于提高 SiC/H62 铜合金表面改性层的硬度，但对截面的硬度提高很小，几乎与母材硬度相同。

6.2.2　耐磨性分析

6.2.2.1　摩擦系数分析

为了与实际应用情况相结合，本节对 FSSP 获得的 SiC/H62 铜合金表面改性层进行了不同温度下（摩擦温度分别为常温、200℃、300℃ 和 400℃）的摩擦磨损实验，获得不同工艺条件不同温度下的摩擦系数曲线图。

图 6.6 所示为一次性 FSSP 获得的 SiC/H62 铜合金表面改性层在不同温度下的摩擦系数值。从图中可以看出，常温下的摩擦系数平均值为 0.495，200℃ 时摩擦系数平均值为 0.67，300℃ 时摩擦系数平均值为 0.556，400℃ 时摩擦系数平均值为 0.424。因此，可知一次性 FSSP 获得的改性层的摩擦系数随着温度的升高先升高后下降。特别是在 200℃ 时摩擦系数最大，说明该温度下改性层晶粒有

长大的倾向,导致改性层的硬度值减小,故出现磨损严重现象;随着温度的继续升高(300℃),晶粒出现部分再结晶现象,晶粒相对减小,因此,其摩擦系数相应减小;温度达到 400℃时,晶粒出现大面积的再结晶,所有晶粒几乎细化,故在这一温度下,摩擦系数变为最小。

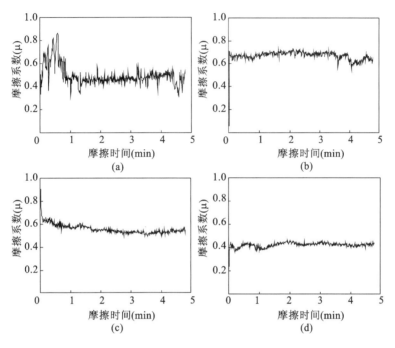

图 6.6　一次性改性层不同温度下的摩擦系数

(a)常温;(b)200℃;(c)300℃;(d)400℃

图 6.7 是同方向两次 FSSP 获得的 SiC/H62 铜合金表面改性层在不同温度下的摩擦系数。从图中可以看出在不同温度下摩擦系数变化趋势也是先增大后减小,常温下的摩擦系数平均值为 0.433,200℃时摩擦系数平均值为 0.588,300℃时摩擦系数平均值为 0.561,400℃时摩擦系数平均值为 0.319,具体原因与一次性改性层的摩擦系数分析一致。

图 6.8 所示为反方向两次 FSSP 获得的 SiC/H62 铜合金表面改性层在不同温度下的摩擦系数。从图中可以看出在不同温度下摩擦系数变化趋势是随着环境温度的升高而逐渐增大。其常温下的摩擦系数平均值为 0.407,200℃时摩擦系数平均值为 0.594,300℃时摩擦系数平均值为 0.664,400℃时摩擦系数平均值为 0.9197。因为反方向两次 FSSP 制备 SiC/H62 铜合金表面改性层的金相组织为晶粒大小相同的等轴晶,但在温度升高的过程中,这种平衡状态的金相组织发生

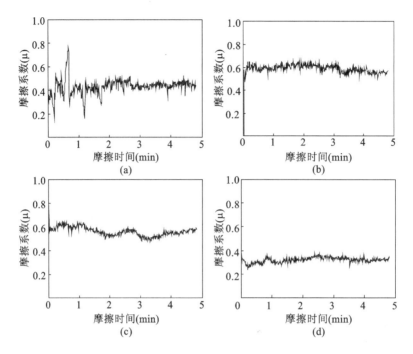

图 6.7 同方向两次改性层不同温度下的摩擦系数

(a)常温;(b)200℃;(c)300℃;(d)400℃

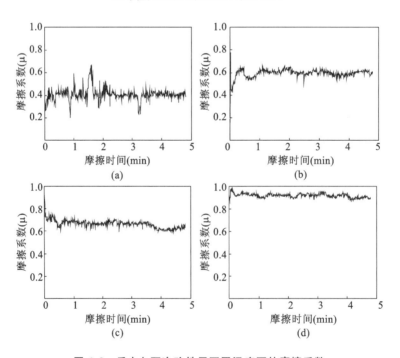

图 6.8 反方向两次改性层不同温度下的摩擦系数

(a)常温;(b)200℃;(c)300℃;(d)400℃

了变化,特别是在 300℃ 以上时,晶粒大小明显发生变化,晶粒不断长大,硬度逐渐下降,温度升高到 400℃ 时,改性层的平均摩擦系数增加到 0.9197。

从图 6.6～图 6.8 可以看出,在常温下,一次性 FSSP 获得的 SiC/H62 铜合金表面改性层的平均摩擦系数最大,为 0.495;其次是同方向两次 FSSP 获得的 SiC/H62 铜合金表面改性层的平均摩擦系数,为 0.433;最小的为反方向两次 FSSP 获得的 SiC/H62 铜合金表面改性层的平均摩擦系数,为 0.407。单纯地从图 6.5(a) 和 (b) 来看,一次性 FSSP 获得的 SiC/H62 铜合金表面改性层的表面平均硬度值为 65HRC,而同方向两次 FSSP 获得的 SiC/H62 铜合金表面改性层的表面平均硬度值为 72.07HRC,反方向两次 FSSP 获得的 SiC/H62 铜合金表面改性层的表面平均硬度值为 65.71HRC,因此,常温下应该是同方向两次 FSSP 获得的 SiC/H62 铜合金表面改性层的摩擦系数最小,然后是反方向两次 FSSP 获得的 SiC/H62 铜合金表面改性层的摩擦系数(居中),一次性 FSSP 获得的 SiC/H62 铜合金表面改性层的摩擦系数最大,但实际是同方向两次 FSSP 获得的 SiC/H62 铜合金表面改性层的摩擦系数反而大于反方向两次 FSSP 获得的 SiC/H62 铜合金表面改性层的摩擦系数,这是因为改性层侧面的硬度起到一定作用。从图 6.5(c) 可以看出,同方向两次 FSSP 获得的 SiC/H62 铜合金表面改性层的侧面平均硬度值为 42.37HRC,而反方向两次 FSSP 获得的 SiC/H62 铜合金表面改性层的侧面平均硬度值为 50.3HRC,一次性 FSSP 获得的 SiC/H62 铜合金表面改性层的侧面平均硬度值为 42.47HRC。由于侧面的硬度值对表面磨损也起到关键作用,因此,在表面和侧面两个硬度值综合作用下,最终促使常温下反方向两次 FSSP 获得的 SiC/H62 铜合金表面改性层的摩擦系数最小,其次是同方向两次 FSSP 获得的 SiC/H62 铜合金表面改性层的摩擦系数(居中),一次性 FSSP 获得的 SiC/H62 铜合金表面改性层的摩擦系数最大。这与 4.2.2 节提到的改性层的微观组织结构分析相一致。温度在 200℃ 时,同方向两次 FSSP 获得的 SiC/H62 铜合金表面改性层的平均摩擦系数最小,为 0.588;其次是反方向两次 FSSP 获得的 SiC/H62 铜合金表面改性层的平均摩擦系数,为 0.594;最大的是一次性 FSSP 获得的 SiC/H62 铜合金表面改性层的平均摩擦系数,为 0.67。这说明在 200℃ 时,同方向两次 FSSP 获得的 SiC/H62 铜合金表面改性层的晶粒长大速度较慢,而其他两种工艺获得的晶粒长大速度较快,特别是一次性 FSSP 获得的 SiC/H62 铜合金表面改性层的晶粒长大最快,但三种工艺获得的表面层晶粒均在温度升高的情况下长大,导致硬度降低,摩擦系数增加。在 300℃ 时,一次性 FSSP 制备 SiC/H62 铜合金表面改性层和同方向两次 FSSP 获得的 SiC/H62 铜合金表面改性层的晶粒均有再结晶的现象发生，晶粒有细化的趋势，故其硬度有所提升，摩擦系数有所降低，而反方向两次 FSSP 获得的 SiC/H62 铜合金表面改性层的晶粒还存在长大的趋势，未出现细化，故硬度继续降低，摩擦系数继续增加。在 400℃时，一次性 FSSP 获得的 SiC/H62 铜合金表面改性层和同方向两次 FSSP 获得的 SiC/H62 铜合金表面改性层的晶粒均出现大量再结晶细化晶粒现象，故摩擦系数下降，特别是同方向两次 FSSP 获得的 SiC/H62 铜合金表面改性层的晶粒细化程度更高，因此，其在 400℃时摩擦系数最小，而反方向两次 FSSP 获得的 SiC/H62 铜合金表面改性层的晶粒在 400℃时还是继续长大，硬度急剧下降，平均摩擦系数达到 0.92（接近 1），几乎失去耐磨性能。

6.2.2.2　磨损量分析

表 6.1 列出了三种不同工艺条件下 FSSP 获得的 SiC/H62 铜合金表面改性层在不同温度下摩擦磨损消耗的磨损量。

表 6.1　不同工艺条件下 FSSP 获得的改性层在不同温度下的磨损量

序号	不同工艺方法	磨损量（mm³）			
		常温	200℃	300℃	400℃
1	一次性	0.1231	0.8965	0.2234	0.1116
2	同方向两次	0.1198	0.5075	0.4154	0.0129
3	反方向两次	0.0935	0.5336	0.8965	1.2659

从表 6.1 可以看出，在常温下，一次性 FSSP 获得的 SiC/H62 铜合金表面改性层的磨损量最大，其次是同方向两次，最小的为反方向两次，这与前面的摩擦系数分析结果相一致。同理从表 6.1 中可以看出一次性 FSSP 获得的 SiC/H62 铜合金表面改性层在不同温度下的磨损量是先增加后减小，同方向两次获得的磨损量也是先增加后减小，仅有反方向两次获得的磨损量是随温度的增加而增加，这也与前面摩擦系数分析结果一致。

表 6.2 列出了三种不同工艺条件下 FSSP 获得的 SiC/H62 铜合金表面改性层在不同温度下摩擦磨损前后质量的差值。

表 6.2　不同工艺条件下 FSSP 获得的改性层在不同温度下磨损质量差值

序号	不同工艺方法	磨损质量差值（g）			
		常温	200℃	300℃	400℃
1	一次性	0.03	0.05	0.03	0.03
2	同方向两次	0.03	0.04	0.04	0.02
3	反方向两次	0.02	0.04	0.05	0.06

表 6.2 中将试样在摩擦磨损前通过天平称出初始质量,待磨损结束后,将其表面清除干净,再次利用天平称出其最终质量,初始质量与最终质量差值即为表 6.2 中的磨损质量差值。表 6.2 中的数值趋势与表 6.1 以及图 6.6~图 6.8 基本相同,只不过由于磨损消耗的量较小,即便有的摩擦系数相差较大,但是其磨损质量差值也不会相差太大,或许相同,造成这种现象的原因:一是天平本身精度的缺陷,另一个就是在磨损痕迹里面的杂质造成的误差等。但不管怎样,其变化的趋势基本一致,这说明本书的分析是合理的。

6.2.2.3 磨痕分析

图 6.9 列出了一次性 FSSP 获得的 SiC/H62 铜合金表面改性层在不同温度下的摩擦磨损痕迹 SEM 照片。图 6.9(a) 为常温下摩擦磨损痕迹,从图中可以清晰地看到改性表面经历了滚动、挤压现象,出现类似犁沟磨损的现象,这种磨损带有一定黏着磨损和滑动磨损,是一种典型的综合性磨损现象。图 6.9(b) 表面仅为单纯的滑动磨损,实质上通过对照片的仔细分析发现其下面还存在一定的磨粒磨损,这从旁边的磨粒和一道道小划痕就可以得到判断。图 6.9(c) 随着温度的升高,晶粒部分细化,硬度增加,因此在此图中可以看出磨痕仅为滑动磨损,由于硬度的增加,磨粒磨损逐渐减少,最后温度达到 400℃ 时,晶粒细化到一定程度,出现的磨损痕迹基本上是犁沟型滑动,且划痕很浅,说明此时材料表面硬度提高了。

图 6.10 所示为同方向两次 FSSP 获得的 SiC/H62 铜合金表面改性层在不同温度下的摩擦磨损痕迹 SEM 照片。从图 6.10(a) 中可以看出,改性层的磨损挤压的程度要比图 6.9(a) 好,这也说明,图 6.10(a) 中改性层的硬度高于图 6.9(a) 的。同时可以看出,图 6.10(b) 中的划痕要比图 6.9(b) 的差很多,主要在图 6.10(b) 中还存在磨损缺陷,这也是在 200℃ 时,图 6.10(b) 中改性层的摩擦系数比图 6.9(b) 中改性层摩擦系数大的原因之一。随着温度的升高,图 6.10(c) 中的改性层变得越来越均匀,其磨痕宽度比较接近,这也说明在此阶段,图 6.10(c) 中改性层的晶粒逐渐处于均匀状态,材质也越来越好。图 6.10(d) 中的划痕更能说明此时材质更好,出现的犁沟划痕浅,而且很少出现挤边,说明改性层硬度好,耐磨损。

图 6.11 为反方向两次 FSSP 获得的 SiC/H62 铜合金表面改性层在不同温度下的摩擦磨损痕迹 SEM 照片。从图 6.11(a) 中可以看出,划痕均匀,挤边少,说明此时的改性层硬度高,性能好。但是随着温度的升高,在 200℃ 时,改性层出现了许多的挤压破碎部分,这说明此时材料晶粒在不断长大,受到磨损压杆重力作用而挤压破碎,因此其耐磨性也就相对较差了。图 6.11(c) 中可以看出,到 300℃ 时,

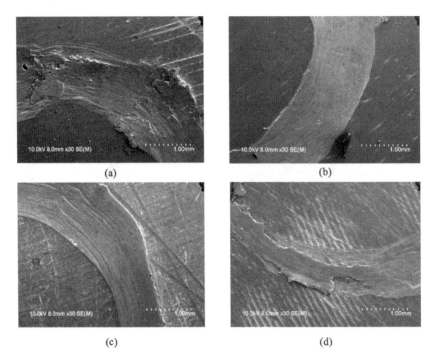

图 6.9　一次性 FSSP 获得的改性层不同温度下的磨痕 SEM 照片

(a)常温；(b)200℃；(c)300℃；(d)400℃

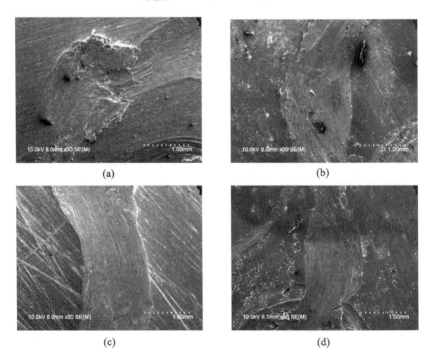

图 6.10　同方向两次 FSSP 获得的改性层不同温度下的磨痕 SEM 照片

(a)常温；(b)200℃；(c)300℃；(d)400℃

出现的挤压飞边现象更为严重,改性层的硬度降低很多,划痕向两边加压的飞边很多,其硬度明显下降。从图 6.11(d)中可以清晰地看到待温度升到 400℃时,不仅挤压飞边大量存在,还有很多黑色的磨粒存在,说明此时改性层完全塑化,硬度显著降低,不仅出现了塑性挤压,还出现硬颗粒的划痕,表面材料容易挤压破碎脱落。

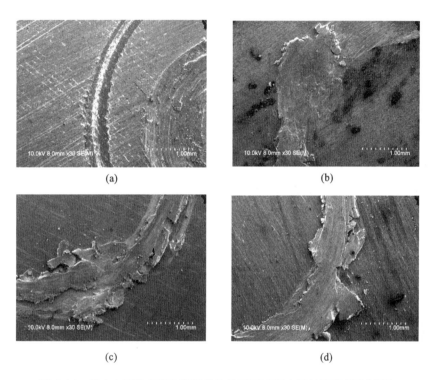

图 6.11 反方向两次 FSSP 获得的改性层不同温度下的磨痕 SEM 照片

(a)常温;(b)200℃;(c)300℃;(d)400℃

通过对图 6.9~图 6.11 三种不同工艺条件下 FSSP 获得的 SiC/H62 铜合金表面改性层的摩擦磨痕 SEM 照片分析,其结果同上述对硬度、摩擦系数、磨损量以及金相组织的分析相一致。说明要想在高温下提高 FSSP 获得的 SiC/H62 铜合金表面改性层的耐磨性还是通过同方向两次加工更为合理有效。

6.2.3 耐腐蚀性分析

6.2.3.1 电化学腐蚀的极化曲线分析

图 6.12 所示为不同工艺条件下 FSSP 获得的 SiC/H62 铜合金表面改性层的电化学腐蚀极化曲线图。

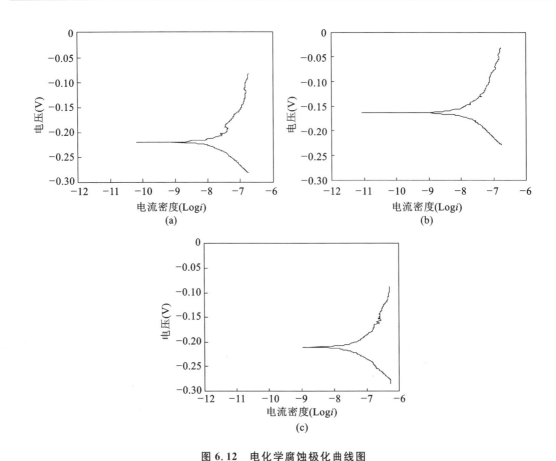

图 6.12　电化学腐蚀极化曲线图

(a)一次性 $\Delta=0.2$mm；(b)同方向两次 $\Delta_1=0.15$mm，$\Delta_2=0.05$mm；

(c)反方向两次 $\Delta_{顺}=0.15$mm，$\Delta_{反}=0.05$mm

　　如图 6.12 所示,从图中各工艺条件下 FSSP 获得的 SiC/H62 铜合金表面改性层的电化学腐蚀极化曲线可以看出,当电流密度 $\text{Log}i$ 随着混合电位 $V_{\text{mix}}=(V_C^e-V_A^e)$ 的升高而增大,并没有出现混合电位增加而电流始终不变的阶段,这说明不同工艺条件下 FSSP 获得的 SiC/H62 铜合金表面改性层进行电化学腐蚀时,均未发生钝化。出现这种现象的可能原因是 SiC 纳米颗粒在电化学腐蚀过程中起到关键作用,其促使改性层表面未出现电化学腐蚀钝化现象。另外,这里 V_C^e 为阴极平衡电位,V_A^e 为阳极平衡电位。

　　图 6.12 各图中的极化曲线的尖端所对应的电流密度为腐蚀电流,对应的电压为腐蚀电位。腐蚀电位越大,其腐蚀越困难。同时,腐蚀速率与腐蚀电流成正比,电流越大腐蚀越剧烈。不同工艺条件下腐蚀电位与腐蚀电流值见表 6.3。

表 6.3　不同工艺条件下腐蚀电位与腐蚀电流值

试样类型	一次性	同方向两次	反方向两次
腐蚀电位(V)	−0.22034	−0.16352	−0.21105
腐蚀电流(log$i$)	−10.18264	−11.07304	−8.79594

从表 6.3 可知,属同方向两次 FSSP 获得的 SiC/H62 铜合金的表面改性层的腐蚀电位最大,故其不容易腐蚀;属反方向两次 FSSP 获得的 SiC/H62 铜合金的表面改性层的腐蚀电流最大,因此,其腐蚀最剧烈。这个结果与前面描述的硬度和磨损结果基本一致,硬度在一定程度上也决定了材料的腐蚀行为。

6.2.3.2　电化学腐蚀表面形貌分析

图 6.13 展示了不同工艺条件下 FSSP 获得的 SiC/H62 铜合金表面改性层电化学腐蚀表面形貌图。

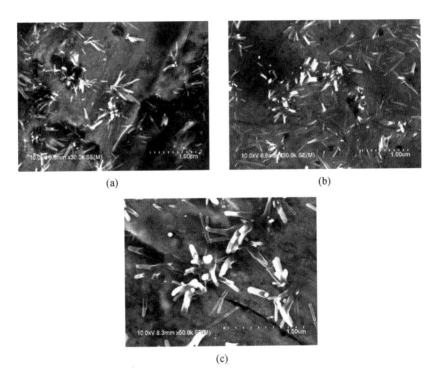

(a)　　　　　　　　　　　　　　(b)

(c)

图 6.13　电化学腐蚀 SEM 照片

(a)一次性 $\Delta=0.2$mm;(b)同方向两次 $\Delta_1=0.15$mm,$\Delta_2=0.05$mm;

(c)反方向两次 $\Delta_顺=0.15$mm,$\Delta_反=0.05$mm

从图 6.13 可以清楚地看出,图 6.13(b)中被腐蚀出的 SiC 颗粒均匀铺设在铜合金表面,其次是图 6.13(a)中的 SiC 颗粒铺设相对较为均匀,最差的就是图 6.13

（c）中的 SiC 颗粒，其不但分布不是很均匀，而且在腐蚀表面还看到裂纹，这严重影响了材料的应用。

图 6.13（a）为一次性 FSSP 获得的 SiC/H62 铜合金表面改性层的电化学腐蚀的表面形貌，从图中可以清楚地看出 SiC 颗粒的分布情况，基本处在均匀状态，但还是有部分地方未见到 SiC 颗粒，这也是影响表面性的一个重要因素。同时，从图中还可以看出，表面虽然有部分黑点，这可能是腐蚀过程中存在烧伤现象导致的，但总体来看，其表面并未出现裂纹，表面处在平整状态，这也是其改性后的性能还能保持一定状态的原因。

图 6.13（b）为同方向两次 FSSP 获得的 SiC/H62 铜合金表面改性层的电化学腐蚀的表面形貌，从图中可以看出，SiC 颗粒分布较为均匀，这也说明，分两次进行 FSSP，有利于促使 SiC 颗粒在铜合金表面扩散，即有利于 SiC 颗粒在铜合金表面的均匀化作用。同时，从图中还可以看出，即使进行了电化学腐蚀，试样表面并未出现任何缺陷，说明同方向两次 FSSP 获得的改性层，耐磨和耐腐蚀性好。

图 6.13（c）为反方向两次 FSSP 获得的 SiC/H62 铜合金表面改性层的电化学腐蚀的表面形貌，从图中可以看出，存在一道很长的裂纹，这也是其性能较低的一个原因。但是反方向两次 FSSP 也有其优点，就是其接触到搅拌头的区域的性能可能会较好，分布也较好（如图中间分散的 SiC 颗粒），但整体来说还是存在很大的缺陷。因此，对于利用 FSSP 获得 SiC/H62 铜合金表面改性层采用反方向两次 FSSP 是不合适的。

图 6.14 为同方向两次 FSSP 获得的改性层的电化学腐蚀的表面形貌放大图，该图更能清晰地展示 SiC 颗粒分布的均匀性以及改性层表面的完整性。

　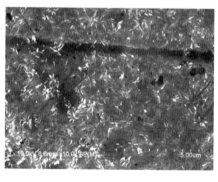

(a)　　　　　　　　　　　　(b)

图 6.14　同方向两次 FSSP 获得的 SiC/H62 铜合金表面改性层的电化学腐蚀的表面形貌放大图

(a)5000 倍；(b)10000 倍

图 6.15 展示出了反方向两次 FSSP 获得的 SiC/H62 铜合金表面改性层的电化学腐蚀的表面形貌放大图，从图中可以清晰地看出 SiC 颗粒分布不均匀，且表面出现很多裂纹等。

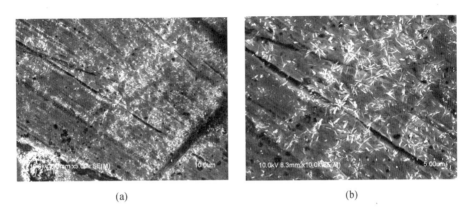

　　　　　　　(a)　　　　　　　　　　　　　　　　(b)

图 6.15　反方向两次 FSSP 获得的 SiC/H62 铜合金表面改性层的电化学腐蚀的表面形貌放大图
(a)5000 倍；(b)10000 倍

6.3　小　　　结

相同的工艺参数下，不同的工艺方法（一次性 FSSP、同方向两次 FSSP 和反方向两次 FSSP）获得的 SiC/H62 铜合金表面改性层均比较光亮整洁，无孔洞，无缺陷，整个改性过程中形成的飞边较少；一次性 FSSP 获得的 SiC/H62 铜合金表面改性层的表面金相组织易出现缺陷，同方向两次 FSSP 获得的 SiC/H62 铜合金表面改性层的表面金相组织晶粒易被拉长且不均匀，而反方向两次 FSSP 获得的 SiC/H62 铜合金表面改性层的表面金相组织均匀；一次性 FSSP 获得的 SiC/H62 铜合金表面改性层截面的边界晶粒变化较小，同方向两次 FSSP 获得的 SiC/H62 铜合金表面改性层截面靠近改性层边晶粒较小，而靠近母材边晶粒较大，反方向两次 FSSP 获得的 SiC/H62 铜合金表面改性层截面靠近改性层边晶粒细小且分布均匀，靠近母材部分的晶粒相对其他工艺也是较小的；同方向两次 FSSP 获得的 SiC/H62 铜合金表面改性层的表面硬度最高，其次是反方向两次 FSSP 获得的 SiC/H62 铜合金表面改性层的表面硬度，最差的是一次性 FSSP 获得的 SiC/H62 铜合金表面改性层表面的硬度；反方向两次 FSSP 获得的 SiC/H62 铜合金表面改性层的截面硬度最高，其次是一次性 FSSP 获得的 SiC/H62 铜合金表面改性层表面的截面硬度，最差的是同方向两次 FSSP 获得的 SiC/H62 铜合金表面改性层的截面硬度；一次性 FSSP 获得的 SiC/H62 铜合金表面改性层和同方向两次 FSSP 获得的 SiC/H62 铜合金表面改性层在不同温度下的摩擦系数随着温度的升高先增大后减小，而反方向两次 FSSP 获得的 SiC/H62 铜合金表面改性层的摩擦系数随着温度的升高而增大。它们的磨损量也是一样的情况。一次性 FSSP 获得的 SiC/H62 铜合金表面改性层，同方向两次 FSSP 获得的 SiC/H62 铜合金的表面改性层和反方向两次 FSSP 获得的 SiC/H62 铜合金的表面改性层电化学腐蚀过程中均未发生钝化现象；同方向两次 FSSP 获得的 SiC/H62 铜合金的表面改性层表面最不容易腐蚀，反方向两次 FSSP 获得的 SiC/H62 铜合金的表面改性层表面腐蚀较为剧烈。

参 考 文 献

[1] 孙鹏. 基于搅拌摩擦加工镁合金表面改性研究[D]. 西安:西安建筑科技大学,2008.

[2] MAHMOUD E R I, TAKAHASHI M, SHIBAYANAGI T, et al. Wear characteristics of surface-hybrid-MMCs layer fabricated on aluminum plate by friction stir processing[J]. Wear, 2010, 268(9): 1111-1121.

[3] DIXIT M, NEWKIRK J W, MISHRA R S. Properties of friction stir-processed Al 1100-NiTi composite[J]. Scripta Materialia, 2007, 56(6): 541-544.

[4] BARMOUZ M, GIVI M K B, SEYFI J. On the role of processing parameters in producing Cu/SiC metal matrix composites via friction stir processing: Investigating microstructure, microhardness, wear and tensile behavior[J]. Materials characterization, 2011, 62(1): 108-117.

[5] MORISADA Y, FUJII H, MIZUNO T, et al. Modification of thermally sprayed cemented carbide layer by friction stir processing[J]. Surface and Coatings Technology, 2010, 204(15): 2459-2464.

[6] MEHRANFAR M, DEHGHANI K. Producing nanostructured super-austenitic steels by friction stir processing[J]. Materials Science and Engineering: A,2011, 528(9): 3404-3408.

[7] 朱战民. 触变成形 AZ91D 镁合金的搅拌摩擦加工及表面复合化[D]. 兰州:兰州理工大学, 2007.

[8] 熊江涛,张赋升,李京龙,等. 搅拌摩擦加工制备 Al_3Ni-Al 原位反应复合体[J]. 稀有金属材料与工程,2010, 39(1): 139-143.

[9] 钱锦文,李京龙,熊江涛,等. 搅拌摩擦加工原位反应制备 Al_3Ti-Al 表面复合层[J]. 焊接学报,2010,31(8): 61-64.

[10] 郭韡,王快社,王文,等. 镁合金表面的搅拌摩擦加工改性[J]. 机械工程材料, 2010, 34(5): 49-51.

[11] 马宏刚,王快社,刘继雄. 搅拌摩擦加工加入 SiC 粒子的 TA2 纯钛表面改性[J]. 金属世界,2017(03):28-31.

[12] 李博. 基于搅拌摩擦焊技术的 TC4 钛合金表面改性研究[D].南京:南京航空航天大学,2014.

[13] 叶逢雨. 基于搅拌摩擦加工的 6061 铝合金表面改性研究[D]. 镇江：江苏科技大学,2015.

[14] 宋娓娓,许晓静. FSSP 制备 SiC/H62 铜合金组织及磨损性能分析[J]. 功能材料,2017,48(07):7205-7208.

[15] 朱理奎,王小军,周小平. 搅拌摩擦加工改性热喷涂涂层的组织和性能[J]. 热加工工艺,2014,43(24):139-142.

[16] 赵凯. 低碳钢搅拌摩擦加工表面改性研究[D]. 西安：西安建筑科技大学,2016.

[17] 郭宇文. A356 铝合金搅拌摩擦加工组织性能研究[D]. 镇江：江苏科技大学，2015.

[18] 高吉成. 热塑性塑料搅拌摩擦焊接及表面复合改性研究[D]. 南京：南京航空航天大学，2016.

[19] 胥桥梁. 细晶工业纯钛 TA2 的 FSP 制备、组织及性能研究[D]. 重庆：重庆理工大学，2017.

[20] MAHONEY M W, FULLER C B , BINGEL W H, et al. Friction stir processing of cast NiAl bronze[J]. Materials Science Forum, 2007, 539-543: 3721-3726.

[21] 封爱成. CaO 改性 AZ31 镁合金组织和性能研究[D]. 常州：江苏理工学院，2018.

[22] 俞汉清,陈金德. 金属塑性成形原理[M]. 北京：机械工业出版社,2004.

[23] HIBBIT KARLSSON & SORENSON INC. ABAQUS Theory Manual:ver5.8 [Z]. Providence：HIBBIT KARLSSON & SORENSON INC,1999.

[24] 陈兆虎,李兰儒,张红. 企业设备振动故障诊断相对标准的建立及应用[J]. 设备管理与维修,2000,(4):25-27.

[25] DAWOOD H I, MOHAMMED K S, RAHMAT A, et al. Effect of small tool pin profiles on microstructures and mechanical properties of 6061 aluminum alloy by friction stir welding[J]. Transactions of Nonferrous Metals Society of China, 2015, 25: 2856-2865.

[26] 薛鹏,肖伯律,马宗义. 搅拌摩擦加工超细晶及纳米结构 Cu-Al 合金的微观组织和力学性能研究[J]. 金属学报, 2014, 50(2): 245-251.

[27] 陆家乐,孙立军,邱福来. 大气盐雾与电子产品盐雾实验[J]. 电子产品可靠性与环境实验,2009(04):23-26.

[28] 唐毅,宋爱民.盐雾实验条件对实验结果的影响[J].微电子学,2009,39(02): 289-292.

[29] THOMAS W M,NICHOLAS E D,NEEDHAM J C,et al. Friction stir butt welding[P] International Patent Application No. PCT/GB92/0220,1991.

[30] 陈菲菲,黄宏军,薛鹏,等.搅拌摩擦加工超细晶材料的组织和力学性能研究进展[J].材料研究学报,2018,32(1):1-11.

[31] 汤龑.原位自生 6063/TiB$_2$ 铝基复合材料搅拌摩擦加工的研究[D].上海:上海交通大学,2015.